DE LA FABRICATION

DU

SUCRE DE BETTERAVE

DANS SES RAPPORTS AVEC L'AGRICULTURE
ET L'ALIMENTATION PUBLIQUE,
AVEC DES CONSIDÉRATIONS SUR LA PARTIE ÉCONOMIQUE
ET LA LÉGISLATION DE CETTE INDUSTRIE,

PAR B. DUREAU.

> L'admirable découverte du sucre de betterave
> est, dans notre économie politique et nationale,
> une de ces révolutions heureuses et rares dont
> les contemporains peuvent quelquefois ne pas
> sentir assez le prix, mais auxquelles la postérité
> finira par marquer la place parmi les plus grandes
> sources de richesse agricole et commerciale.
>
> MOREL DE VINDÉ.

PARIS,
LIBRAIRIE D'AGRICULTURE ET D'HORTICULTURE
DE Mme Vve BOUCHARD-HUZARD,
RUE DE L'ÉPERON, 5.

1858

DE LA FABRICATION

DU

SUCRE DE BETTERAVE

37493

DE LA FABRICATION

DU

SUCRE DE BETTERAVE

DANS SES RAPPORTS AVEC L'AGRICULTURE
ET L'ALIMENTATION PUBLIQUE,
AVEC DES CONSIDÉRATIONS SUR LA PARTIE ÉCONOMIQUE
ET LA LÉGISLATION DE CETTE INDUSTRIE,

PAR B. DUREAU.

L'admirable découverte du sucre de betterave
est, dans notre économie politique et nationale,
une de ces révolutions heureuses et rares dont
les contemporains peuvent quelquefois ne pas
sentir assez le prix, mais auxquelles la postérité
finira par marquer la place parmi les plus grandes
sources de richesse agricole et commerciale.

MOREL DE VINDÉ.

PARIS,
LIBRAIRIE D'AGRICULTURE ET D'HORTICULTURE
DE Mme Vve BOUCHARD-HUZARD,
RUE DE L'ÉPERON, 5.

1858

AVANT-PROPOS

« Laissez parler les faits. » Telle est l'épigraphe
du livre dans lequel le prince Napoléon, aujourd'hui empereur des Français, prenait hautement la défense du sucre indigène, sans pour
cela dénigrer nos colonies. Cette maxime m'a
servi invariablement de règle de conduite, et je
ne crois pas, dans l'exposé qui va suivre, m'en
être jamais écarté. Il est de mode aujourd'hui
de décrier une de nos plus glorieuses industries
et d'en méconnaître les plus utiles services : c'est
aux hommes qui la connaissent à la défendre;
c'est à eux de consacrer leurs efforts à mettre
au jour les avantages qu'elle présente. L'a-
vouerai-je? je n'ai pas toujours été un de
ses partisans; mon ignorance des faits qui la
concernent était mon excuse : c'est aussi celle

de la plupart de ceux qui l'attaquent ou qui
restent indifférents devant les agressions multipliées dont elle est l'objet. Puisse ce travail
les éclairer, influer sur l'opinion publique, et
la faire se prononcer, en dernier ressort, pour
une industrie qui peut tant contribuer aux progrès de notre agriculture et à la prospérité de
nos populations rurales!

B. Dureau.

Sarliève (près Clermont-Ferrand), le 15 mars 1858.

DE LA FABRICATION

DU

SUCRE DE BETTERAVE

INTRODUCTION

I

La question des subsistances impose à tous les hommes qui s'occupent des intérêts généraux de leur pays de grands devoirs; on peut dire que par l'importance que depuis quelques années elle a acquise, elle s'élève à la hauteur d'une question politique. Le programme de la vie à bon marché peut être inscrit avec fierté sur un drapeau, et quiconque trouve dans une réduction de prix des objets nécessaires à l'alimentation publique un moyen de les mettre davantage à portée de chacun, rend un service signalé à ses semblables. A ce point de vue, les études qui semblent n'avoir pour but que le développement ou l'organisation des intérêts matériels, en contribuant à la diffusion de l'aisance et du bien-être parmi les populations, réagissent directement sur l'ordre moral et affermissent la société.

Qui ne se souvient du bruit fait sous le dernier règne par la question des sucres, question qui, malgré tant de discours, de brochures et d'articles de journaux, traversa la période de 1848 sans être résolue? Pourquoi la polémique ardente et passionnée dont elle fut l'objet ne produisit-elle aucun résultat? Parce que cette question était considérée comme du domaine de l'économie politique pure, et que le débat, circonscrit entre deux intérêts rivaux, considérables il est vrai, n'intéressait que médiocrement le consommateur, auquel peu importait que le sucre lui vînt de la canne ou de la betterave, pourvu qu'il fût assuré de l'obtenir à un prix raisonnable. La question aujourd'hui est bien changée. Les besoins immenses de la consommation la dominent, et ont fait cesser comme par enchantement la discussion entre les deux industries rivales, occupées à produire sans pouvoir suffire à la demande. Il ne s'agit plus en effet de savoir qui des colonies ou de la métropole l'emportera, mais bien de savoir si nous ne manquerons pas de sucre, et quels sont les moyens à employer pour développer la production de cet article et la mettre au niveau de la consommation. De ce point de vue, la question des sucres doit être classée dans la question des subsistances.

Des causes assez diverses, parmi lesquelles il faut placer l'insuffisance des récoltes depuis quelques années, les maladies qui sévissent sur certaines plantes alimentaires, les facilités présentées au commerce par les nouvelles voies de communication, et enfin les besoins croissants de la consommation, ont fait graduellement augmenter le taux de toutes les subsistances. Le sucre, ainsi que la plupart des produits exotiques, semblait à l'abri de ces perturbations économiques qui jettent le trouble dans les meilleurs esprits, et, en donnant lieu à des préventions injustes, créent aux gouvernements les embarras les plus sérieux. Le sucre s'était fait remarquer jusqu'en 1855 par son bas prix; mais depuis cette époque, à la suite d'un mouvement de spéculation parti de Londres, mais surtout à cause de la réduction considérable des stocks et de l'insuffisance de la production pour les remplir, cette denrée a fini par atteindre un taux qui est hors de toute proportion avec les ressources de la population, et qui doit en restreindre au lieu d'en étendre l'usage, si un prompt remède n'est apporté à ce fâcheux état de choses, contraire en définitive à l'intérêt bien entendu du producteur (1).

Quelques personnes, partant de cette idée fausse que le sucre est un objet de luxe, peuvent voir d'un

_____

(1) Dans le cours de la publication de ce travail, et notamment depuis le commencement de la crise financière et commerciale que nous subissons dans ce moment, le prix du sucre est revenu à son taux normal; mais cela n'ôte rien à la valeur des considérations que nous émettons, et nous restons convaincu que la production de cette denrée a plutôt besoin d'être encouragée que restreinte.

œil indifférent le renchérissement progressif de cette
denrée; cette idée, assez répandue pourtant, est tellement puérile qu'à peine doit-elle être combattue.
Pour les hommes sérieux qui suivent avec intérêt
les progrès de l'agriculture, et qui savent de combien de plantes alimentaires nouvelles elle s'est enrichie depuis un petit nombre d'années; pour les
gouvernements, dont la sollicitude doit s'appliquer
à multiplier les sources de l'alimentation publique,
afin d'équilibrer la production générale et de compenser la pénurie d'un produit par la facilité de s'en
procurer un autre, le sucre est rangé aujourd'hui
au premier rang dans les substances auxiliaires qui,
après le pain, la viande, le vin, contribuent à la
nourriture de l'homme. Le sucre est l'indispensable
accompagnement du thé, du chocolat, du café et
d'un grand nombre de boissons qui tendent de plus
en plus à s'introduire dans nos usages domestiques.
Il est partout un signe d'aisance et de richesse, et
l'inquiétude avec laquelle est accueillie chaque nouvelle hausse sur cet article montre à quel point il
est passé dans nos habitudes et combien il nous
serait difficile de nous en priver.

La consommation du sucre, qui est dans la
Grande-Bretagne de 400 millions de kilogrammes,
ce qui représente une part de 14 kilogrammes par
individu, et qui n'est pas dans une proportion
moindre aux États-Unis et en Hollande, n'atteint

en France que 170 millions de kilogrammes, ce qui fait une moyenne de 5 kilogrammes à peine par tête. Tandis que le sucre, chez nous, n'est employé qu'avec cette parcimonie qui le fait encore considérer comme un objet de luxe, et que les morceaux en sont scrupuleusement comptés par les ménagères et les limonadiers, il paraît sur les tables anglaises ou américaines avec abondance et y est employé avec prodigalité. L'habitant des États-Unis, qui avant la hausse payait son sucre dix sous la livre, et qui, depuis l'augmentation des prix, le paie encore moins qu'il ne valait chez nous en 1855, ne regarde pas combien de morceaux il met dans sa tasse de thé ou de café, et peut rire à bon droit de cette mesquinerie française, qui n'est point dans notre nature, mais qui nous est dictée par des raisons d'une stricte économie.

Il est facile de remarquer la tendance de nos populations ouvrières et rurales à remplacer le vin qui leur manque par le café; mais à l'usage général de cette boisson salutaire, qui produit de si heureux effets contre l'ivrognerie, est subordonné le prix du sucre, d'une cherté si déplorable, et que la vente au détail vient augmenter encore. Dans les villages du nord de la France, dont un si grand nombre comptent une ou plusieurs fabriques de sucre, il y a entre le prix de vente du fabricant et celui du détaillant une différence de vingt à vingt-cinq pour cent; le pain de sucre, qui sort d'une sucrerie de betterave au prix de vingt sous, est vendu vingt-cinq aux ouvriers qui l'ont produit et au cultivateur qui en a fourni la matière première. Il en est malheureusement ainsi dans toutes nos communes, et, bien que la différence soit moins grande dans les villes importantes, ce n'est guère qu'à Paris où, par l'effet d'un grand débit, le commerçant, se contentant d'un petit bénéfice, livre à la consommation le sucre peu au-dessus de ce qu'il lui a coûté, et met ainsi cette denrée plus à la portée de la population.

Il y a lieu de s'étonner que l'impôt sur le sel fût devenu si impopulaire, que le gouvernement de 1848, en faveur de progrès agricoles que l'expérience n'a nullement justifiés, ait été forcé de renoncer aux deux tiers du revenu énorme que lui rapportait cette denrée sous l'ancienne législation. Les avantages qu'on peut retirer du sel employé directement comme engrais ne sont point encore reconnus, et si l'on ne peut nier les effets hygiéniques de cette substance sur les bestiaux, on ne peut nier davantage que le sucre, dans notre état de civilisation, ne soit aussi utile aux hommes. L'impôt sur le sel n'était point assez lourd pour empêcher nos cultivateurs de le mêler dans la proportion nécessaire à la nourriture de leur bétail; l'impôt sur le sucre en restreint non-seulement la consommation chez les personnes aisées, mais empêche complètement la plus grande partie de la population d'en faire usage. L'ignorance des moyens que le fisc emploie pour faire face aux dépenses budgétaires est telle en France, que nul ne s'inquiète de cet impôt excessif, et que bien peu de personnes savent que le sucre, ce sel des classes que le travail appelle à l'aisance, paie au Trésor vingt millions de plus que le sel n'a jamais payé!

Si le gouvernement provisoire, au lieu de donner satisfaction avec tant d'empressement au sentiment ou plutôt au préjugé populaire en abolissant presque complètement l'impôt du sel et en se privant par cette réforme intempestive d'un revenu de quarante à cinquante millions, eût porté son attention sur le sucre et réduit les droits qui frappent cette denrée, le sucre serait tombé à 1 fr. 20 c. le kilogramme, et la consommatioo, sous l'influence de ce bas prix, prenant un nouvel essor, aurait rendu au Trésor, au bout de très-peu de temps, le prix d'un sacrifice qui ne pouvait être que momentané. La réforme apportée en 1845 par Robert Peel dans la législation des sucres, l'excédant énorme de consommation qui a été dans le Royaume-Uni (1) la con-

---

(1) De 1840 à 1844, avec le droit de 25 shillings, le produit net du droit sur les sucres a été, dans la Grande-Bretagne, de 4,953,000 livres sterling; en 1856, avec le droit de 14 shillings, ces droits ont atteint 5,129,000 livres sterling, et la consommation, qui n'était avant 1845 que de 195,000 tonnes, s'est élevée à près de 400,000. « La mesure qui, en 1844, dit *The Economist*, admettait à

séquence de la réduction du droit à quatorze shillings, prouve suffisamment qu'un gouvernement ne
doit pas craindre de réduire les impôts de consommation, et que la diffusion du bien-être dans les
masses est toujours, quand il entre dans cette voie,
la juste récompense de ses efforts.

Le droit excessif supporté actuellement par le
sucre, le met hors de la portée de la moitié de la
population et le place presque au rang des drogues
pharmaceutiques. Le dernier nègre de Cuba ou du
Brésil consomme plus de sucre que nos plus riches
paysans et nos ouvriers les plus aisés. Quinze à
vingt millions de Français ne connaissent pas le
sucre ou ne le considèrent que comme un objet de
luxe dont l'usage ne leur est permis que dans de
rares circonstances, telles qu'une noce, une foire
ou un baptême. Il y a là pour l'industrie et pour
le Trésor une couche énorme de consommateurs et
de contribuables à conquérir, une lacune à combler,

" un prix réduit le sucre produit par le travail libre, et qui commença une ré-
" duction sur le tarif du droit d'entrée, ne fut donc pas prise trop tôt. Il s'ensuivit
" une augmentation immédiate de la consommation qui, en 1845, s'éleva à 20 li-
" vres; plus tard les droits furent de nouveau réduits, et au milieu du bien-être
" général qui résulta de cette modification, un grand accroissement de la consom-
" mation se produisit. Pendant les dix années qui ont précédé 1854, le prix du
" sucre diminua de 44 pour 100 au-dessous de celui qui avait cours avant 1845,
" en sorte que la consommation fut exactement doublée. De 1844 à 1854, elle
" monta de 17 à 34 livres par tête. "

Ces chiffres parlent assez haut; toute autre réflexion sur les avantages généraux
qui résulteraient d'un abaissement *très-notable* de l'impôt élevé qui frappe le sucre,
serait superflue. La réduction de l'impôt des sucres serait dans ses résultats, à
n'en pas douter, l'histoire de la taxe des lettres à 20 c., dont le transport, dans
l'espace de neuf années, s'est élevé de 197 à 252 millions.

une véritable muraille de la Chine à franchir. Il n'y a pas de peuple qui ait fait accomplir plus de progrès à l'industrie sucrière que les Français; il n'y en a point qui paie le sucre plus cher et qui en consomme moins. Notre commerce le fournit aux Italiens et aux Suisses à un prix bien moindre qu'à nous-mêmes, le mécanisme du drawback, ou remboursement des droits à la sortie, permettant aux étrangers non producteurs de sucre de le payer six sous de moins que nous la livre. C'est très-bien dans l'intérêt des échanges et du pavillon ; mais ne serait-il pas également bien de chercher des consommateurs dans nos villes et nos campagnes, et où l'industrie trouvera-t-elle un pareil marché?

Si la moyenne de la consommation était aussi élevée en France qu'elle l'est en Angleterre et aux Etats-Unis, où elle atteint près de quinze kilog. par tête, il faudrait cinq cents millions de kilog. pour l'alimenter, ce qui, à vingt francs par 100 kilog., plus le décime, créerait au Trésor un revenu de cent dix millions de francs, chiffre de vingt-cinq millions supérieur à ce que rapporte l'impôt des sucres aujourd'hui. C'est là une perspective que le gouvernement et l'industrie doivent s'efforcer d'atteindre. Et qu'on ne croie pas que nos habitudes domestiques ne se prêtent pas aussi bien que celles des Anglais et des Américains à la consommation progressive de cette denrée; si la race anglo-saxonne fait un plus grand usage de boissons chaudes, nous faisons à notre tour plus de confitures, de sirops, de plats sucrés et de conserves de fruits, que notre commerce expédie dans le monde entier. La consommation du café, chez nous à peine égale à celle du Royaume-Uni, et plus de moitié moindre de celle des Etats allemands, tend cependant à une extension de plus en plus grande, qui entraînera naturellement celle du sucre. On ne remarque pas, du reste, que dans les Etats du sud de l'Amérique, où les mœurs françaises prédominent, la consommation du sucre soit moindre que dans les Etats du nord, où les habitudes sont anglaises. Il en est de même dans les colonies françaises ou espagnoles, où l'usage du sucre est universel et atteint un chiffre qui étonnerait la statistique européenne. Il serait puéril de renouveler pour le sucre la fameuse théorie des climats ou des races, et de croire que de même que telle contrée est propre à la liberté ou à l'esclavage, de même tel peuple doit consommer plus de sucre qu'un autre : la richesse développée par l'industrie et le bon marché créé par un bon régime fiscal ou économique, sont pour la consommation une règle qui ne souffre que peu d'exceptions. Que le sucre soit à aussi bas prix en France qu'en Angleterre et aux Etats-Unis, et notre consommation nationale s'établira promptement au niveau de celle de la race anglo-saxonne.

On a parlé dans ces derniers temps du sucrage des vendanges, c'est-à-dire du moyen de suppléer au défaut de maturité du raisin, et de corriger la pauvreté des moûts en sucre par l'addition d'une certaine quantité de cette substance. Cette méthode, d'ailleurs peu nouvelle, préconisée par Chaptal et récemment par M. Dubrunfaut, a donné lieu, l'année dernière, dans nos régions viticoles, à quelques essais intéressants. En restituant à la vendange l'élément saccharin qui lui manque, en développant ainsi une source abondante d'alcool, on peut enrichir les vins inférieurs et augmenter considérablement le volume et les qualités de la récolte. Sans doute ce procédé serait peu applicable dans les années d'abondance, mais il serait avantageux dans les années ordinaires et pourrait, suivant les calculs de M. Dubrunfaut, donner lieu à l'emploi de 40 à 50 millions de kilog. de sucre, emploi qui doublerait dans les années mauvaises. Il y a là une éventualité de consommation qui prendrait évidemment la fabrication indigène et exotique au dépourvu, si ce procédé venait à se généraliser tout à coup; mais de tels progrès dans l'application d'un procédé nouveau ne sont point dans la nature des choses, et nul doute que l'industrie indigène notamment, qui, pour la campagne qui va s'ouvrir, se met en mesure de produire 20 à 30 millions de kilog. de plus que l'année dernière; nul doute, disons-nous, que l'industrie n'eût le temps de s'y préparer, si le gouvernement, éclairé sur l'utilité de la mesure sans laquelle le sucrage des vendanges serait impossible, dégrevait de tout impôt le sucre employé par les vignerons.

En face de ces progrès certains et considérables de la consommation, qui ont lieu malgré toutes les entraves fiscales, et qui prendraient un nouvel essor à la suite d'une modification profonde dans le tarif des sucres, le gouvernement est en droit de tenir à l'industrie sucrière et exotique le langage suivant : « Vous demandez le dégrèvement de l'impôt qui frappe vos produits; mais vous oubliez que les entrepôts sont vides, et que le bénéfice de la diminution du droit serait partagé uniquement entre vous et le consommateur. Etes-vous en mesure de combler les vides et de ménager ainsi les intérêts du trésor? Pouvez-vous augmenter instantanément vos moyens de production (1)? Pouvez-vous subvenir promptement à l'énorme consommation que vous provoquez? L'abaissement du droit suffira-t-il pour rétablir l'équilibre, et ramener le sucre à bon marché? En un mot, les exigences du fisc peuvent-elles se concilier avec les intérêts de la consommation ? »

(1) La production de la campagne actuelle répond victorieusement à cette question, que le gouvernement n'a point aujourd'hui à poser à la sucrerie indigène. Une industrie qui, dans l'intervalle d'une campagne à une autre, se met en mesure d'augmenter sa production de 50 p. % peut suffire à toutes les éventualités de la consommation, quelque considérable qu'on la suppose.

II

La question des sucres est extrêmement complexe, et, pour répondre aux observations qui précèdent, il faudrait chercher dans les conclusions de l'examen approfondi que nous nous proposons d'en faire ici. Toutefois nous pouvons établir *à priori* que si, parmi les causes qui ont amené le renchérissement du sucre, il en est qui sont purement accidentelles et ne tendent plus à se reproduire, telles que la conversion des sucreries en distilleries, cause réelle, mais locale, qui n'existe plus depuis longtemps, bien que l'ignorance ou l'esprit de parti l'évoque sans cesse devant l'imagination populaire, laquelle, après avoir vu dans le prisme des préjugés la betterave se substituer au blé, verra désormais l'eau-de-vie se substituer au sucre; si parmi ces causes il en est d'accidentelles, il en est d'autres, disons-nous, telles que l'augmentation du coût de la matière première, la hausse de la houille, de la main-d'œuvre, du fret et de tous les objets accessoires de la fabrication exotique ou indigène, qui présentent un caractère de fixité et de permanence dont il est difficile de prévoir le terme.

Que les préjugés des masses, qui voient le sucre monter sans en connaître la cause, attribuent à la spéculation ce qui n'est que l'effet de l'affaiblissement graduel de nos approvisionnements, il n'y a lieu ni

de s'en étonner ni de s'en inquiéter ; que les journaux du libre-échange, qui savent mieux que personne que le sucre manque sur tous les marchés de
l'univers, et que l'Angleterre elle-même, voyant ses
stocks traditionnels disparaître, s'adresse à la betterave pour contribuer à son immense consommation, cherchent le remède dans le libre commerce
des sucres sans s'inquiéter de savoir si le moment est
venu, et si notre industrie indigène pourrait supporter demain ce qu'elle supporterait aujourd'hui,
c'est dans leur tactique ; mais pour les hommes qui
ne cherchent pas à égarer l'opinion publique, et qui
jugent les faits avec les froides lumières de la raison,
il est clair que le commerce des sucres est entré dans
une nouvelle phase, et que, comme celui des céréales, du vin et d'un grand nombre de denrées alimentaires, il vit au jour le jour. Le mal n'est pas
dans la spéculation, laquelle ne s'exerce que sur les
marchandises assez rares pour être recherchées ; il
n'est pas dans la circulation, le commerce des sucres,
malgré une législation assez compliquée, étant presque libre aujourd'hui, et la même hausse se mani-
festant sur tous les marchés ; il n'est pas davantage
dans la consommation, dont la moyenne est beaucoup au-dessous de ce qu'elle devrait être : le mal
est dans le changement des conditions de la production et dans son insuffisance reconnue.

Nous avons déjà signalé l'augmentation de la bet-

terave, de la houille, de la main-d'œuvre, comme
des causes qui devaient forcément amener l'élévation
du cours des sucres; ce n'est point exagérer que
d'estimer à 20 f. par cent kilog. la surélévation
nécessaire pour rétablir l'équilibre et empêcher nos
sucreries de suspendre leurs travaux. Il serait aussi
injuste que déraisonnable de placer la sucrerie indigène en dehors de ce concours de circonstances qui
depuis quelques années élève le prix de toutes choses, et de prétendre que, par exception à la règle
générale, le sucre doit rester à bon marché. Suivant
l'habitude, la betterave a été le bouc émissaire de la
question, et a attiré sur elle les reproches les plus
mal fondés, comme si nos colonies n'étaient pas dans
la même position et n'avaient pas jugé à propos, par
les mêmes motifs de prudence qui arrêtent l'essor de
la fabrication du sucre indigène, de temporiser et
d'attendre pour augmenter leur production, des
conditions moins incertaines et une situation mieux
établie (1).

Croit-on que les causes de renchérissement de tous
les produits agricoles et industriels n'ont point passé
les mers, et ne font pas ressentir leur influence dans
toutes les contrées intertropicales visitées par notre

(1) La preuve, c'est que, malgré les prix excessifs qui ont marqué la plus
grande partie de l'année 1857, l'importation des sucres de nos colonies n'a été
pendant les onze premiers mois que de 79,382,500 kilog., contre 88,943,800 importés pendant la période correspondante de l'année précédente.

pavillon et directement soumises à l'influence de notre commerce et de notre industrie? Est-ce que nos colons ne paient pas la farine, les salaisons, le vin, les mules plus cher qu'à l'époque où ils pouvaient vendre le sucre quatre sous la livre? Est-ce que tous les objets d'importation nécessaires à leur existence sociale ou à l'exercice de leur industrie, n'ont pas augmenté pour eux dans la même proportion que pour nous? Nos colonies n'ont-elles pas en outre à subir les conséquences du travail libre succédant au travail esclave? Qui peut dire, d'un autre côté, que le prix élevé du fret ne se maintiendra pas longtemps encore par suite de l'augmentation de paie des matelots, du transport des céréales et des dépenses plus considérables nécessitées par l'armement? Les causes qui peuvent maintenir le prix élevé du sucre, présentent donc dans nos colonies le même caractère de permanence que dans la métropole; ce n'est plus au Nouveau-Monde qu'il faut demander le sucre à bon marché.

Parmi ces régions intertropicales si favorisées de la nature, où le sucre s'élabore sans effort sous les rayons d'un soleil brûlant, il en est une qui a réalisé des progrès réellement considérables, et qui promettait d'apporter dans l'approvisionnement général du monde un très-fort contigent; nous voulons parler de la Louisiane. Depuis quelques années, des circonstances climatériques contraires et les ravages

d'un insecte ont réduit les récoltes de ce vaste champ
de production de sucre, qui d'ailleurs ne saurait
suffire à l'immense consommation des Etats-Unis.
Les progrès de la population américaine sont plus
considérables que ceux de son industrie, tout sur-
prenants qu'ils sont. Les plantations du Mississipi
ne peuvent suffire aux immenses besoins des états
de l'Ouest et du Nord ; aussi les Etats-Unis s'adres-
sent-ils à Cuba pour importer ce qui leur manque.
L'importation des sucres de la Havane dans les divers
ports de l'Union américaine s'élève, année ordinaire, à 80 millions de kilogrammes et peut, quand
la récolte manque à la Louisiane, atteindre un
chiffre beaucoup plus considérable, qui jette la perturbation sur tous les marchés européens. Le commerce de Cuba semble déjà monopolisé par les
Américains ; que serait-ce donc si cette « perle des
Antilles, » convoitée avec tant d'ardeur et si peu de
moralité dans les moyens par la population américaine, devenait un jour sa proie? On peut dire que
les plantations de la Louisiane seraient abandonnées,
les nègres de ce vaste Etat transportés à Cuba, les
champs de canne cultivés depuis plus d'un demi-
siècle remplacés par le coton ou le maïs, et qu'il
n'entrerait plus une seule caisse de sucre Havane
dans les ports de l'Europe.

A nos yeux, la production du sucre dans les Antilles, qui pourrait être si considérable et alimenter

le monde entier, court de sérieux dangers par suite
du mal politique ou social qui travaille toutes les
colonies. Saint-Domingue, qui à l'époque de sa plus
grande prospérité en fournissait à la France et à
l'Europe plus de 80 millions de kilogrammes, n'en
fournit plus que pour entretenir sa population misé-
rable, ridicule et dégradée (1); les possessions anglaises, qui en 1828 exportaient dans leur puissante
métropole 220 millions de kilogrammes, sont des-
cendues à une moyenne de 150 millions, et n'occupent plus qu'une place de second ordre dans l'approvisionnement de la Grande-Bretagne. Les colonies
françaises, revenues à la production d'avant 1848,
seront dépassées cette année d'un tiers par la sucrerie
indigène. Il n'y a que Cuba qui prospère ; mais sa
prospérité est une inoculation étrangère, le sang de
la jeune Amérique coule dans ses veines, l'activité
de la race anglo-saxonne déborde ses flegmatiques
habitants. C'est une proie que les Etats-Unis se
préparent et qui né peut leur échapper.

Nous ne prétendons pas néanmoins que la libre
introduction des sucres étrangers sur une grande
échelle n'entre dans les probabilités de l'avenir, et
que la production exotique soit près de succomber.
Il y a là au contraire un grand danger, contre lequel

---

(1) On a pu lire, dans ces derniers temps, le récit de la visite de Sa Majesté
haïtienne aux plantations du Duc de la Limonade, dans lesquelles, à ce qu'il paraît,
il se trouve une sucrerie.

il importe de nous prémunir en donnant à cette
branche de notre industrie nationale une force assez
grande pour qu'elle puisse un jour accepter la lutte
sans danger. Bien que dans les pays à esclaves ou
récemment émancipés, ce qui n'est pas très-différent
avec la race nègre, les progrés de l'industrie soient
lents, ces progrès finissent néanmoins par s'accomplir. Les sucreries de Cuba, de Java, des Philippines, sont munis d'instruments de fabrication perfectionnés, tels que turbines et appareils dans le vide,
qui permettent aux planteurs de produire dans
des conditions plus rapides et plus économiques.
Les Indes orientales, où l'industrie du sucre retourne près de son berceau, et dont la production a
franchi dans l'espace de vingt-cinq années le chiffre
énorme de 100 millions de kilogrammes, voient
tous les jours les merveilles produites par le génie
anglo-saxon, ce génie sauvage, solitaire, essentiellement colonisateur, qu'aucune difficulté ne rebute,
et qui, aidé d'immenses capitaux et d'une rare persévérance, exploite tout ce qu'il touche quand il ne
peut le conquérir. Il serait déplorable d'exposer
notre industrie aux coups que l'Inde britannique
pourrait lui porter, et de donner aux actionnaires
de l'honorable compagnie, pour prix de son sucre,
des ressources qui appartiennent naturellement à
nos cultivateurs, à nos ouvriers, à nos marins, à
nos manufacturiers, à nos colons, en un mot, à

tous ceux que fait vivre l'industrie exotique ou
indigène.

Que le sucre provienne de la canne ou de la betterave, ce produit constitue une industrie essentiellement nationale, dans laquelle la France a brillé
toujours, et qu'elle a presque créée. C'est à en développer toutes les ressources qu'il faut aujourd'hui
s'appliquer, et on peut dire sous ce rapport que
les rivalités entre la métropole et les colonies ont
cessé, et que la question des sucres est entrée dans
une nouvelle phase. Comment en effet serait-il question d'exclusion, quand depuis six ans l'industrie
métropolitaine, naguère protégée, supporte une
surtaxe de 7 fr. par 100 kilog; ce qui ne l'a pas
empêchée de verser en 1855 92 millions de kilog.
dans la consommation, et de se mettre en mesure
d'en verser 120 cette année? La question posée par
les économistes a été résolue par les industriels. Le
sucre de betterave peut vivre; il vit, il vit sans faveurs, sans protection, sans fraude, au grand jour,
supportant bravement une taxe différentielle considérable. C'est le sucre de canne qui aujourd'hui est
protégé! Que ces temps sont loin où les deux industries rivales demandaient à la législation les moyens
de s'exterminer mutuellement, et déclaraient ne
pouvoir vivre ensemble! Les deux industries vivent;
non-seulement elles vivent, mais elles peuvent
difficilement suffire à la demande, et se voient à leur

tour menacées d'un nouveau rival, le sorgho, tant
le besoin de plantes saccharifères est grand, tant
cette puissante et féconde industrie a besoin de se
développer.

La fabrication du sucre dans nos colonies peut-
elle se développer de manière à pouvoir satisfaire
aux besoins sans cesse croissants de la consommation
de la métropole? Les sucreries de Bourbon, de la
Guadeloupe et de la Martinique sont-elles en mesure
de suffire à la demande de plus en plus considérable
qu'il nous est permis d'entrevoir dans l'avenir?
Nous ne le croyons pas. Les colons, obérés pour la
plupart, n'ont point à leur disposition le capital
nécessaire pour se procurer la puissante et coûteuse
machinerie que nécessitent les usines à sucre modernes. C'est à peine s'ils peuvent renouveler leur
ancien matériel. D'un autre côté, la transition du
régime de l'esclavage au régime de la liberté dure
encore, et l'industrie coloniale cherche dans l'importation des coolies un moyen de suppléer aux bras
qui lui manquent ou qu'elle est obligée de ne plus
payer d'une poignée de riz ou de manioc. Faudra-
t-il donc, par une sollicitude humanitaire intempestive, encourager cette immigration d'étrangers,
créer une population artificielle, difficilement
assimilable, et porter à des Indiens la valeur
d'échanges qui pourraient se faire au profit de nos
propres travailleurs? Ce serait là, il faut l'avouer,

une philanthropie bien mal comprise et peu d'accord avec les sentiments d'un véritable patriotisme. Sans doute nos colonies peuvent être regardées comme une extension du territoire national, et nous leur devons l'assistance que commande leur isolement; mais pourquoi ces riches terres de la Flandre et de l'Artois, où sous les rayons d'un pâle soleil s'élabore le même sucre que sous les tropiques; pourquoi ces contrées si industrieuses, qui produisent en outre le blé, la viande, l'alcool, la houille, nourrissent des milliers de laborieux travailleurs, et versent la richesse dans le pays par mille canaux, ne seraient-elles pas aussi favorisées que nos colonies? Ne sont-ce pas là des colonies, et des plus belles, et nos possessions des Antilles, tristes débris. que la main jalouse de l'Angleterre nous concéda à la chute de l'empire, peuvent-elles, sous le rapport agricole, industriel et commercial, leur être comparées? Sans la faveur qui est accordée à leurs produits, sans la protection efficace qu'elles trouvent dans le régime colonial, elles seraient depuis long-temps tombées dans l'oubli où se trouve Saint-Domingue.

III

Il ne faut pas nous le dissimuler, l'esprit de la France contemporaine n'est point aux entreprises lointaines, et nous ne fournissons plus de ces hardis aventuriers ou voyageurs dont l'Angleterre et les États-Unis semblent avoir le monopole. Nous ne pourrions que souffrir de la comparaison qui serait faite entre nos débiles colonies et les établissements partout florissants de la Grande-Bretagne. Le sentiment de l'individualisme, si nécessaire pour la fondation d'établissements coloniaux, n'existe pas chez nous : nous sommes un peuple qui n'aimons à marcher qu'en bataillons serrés; la vieille chaîne gauloise qui liait nos pères au combat nous lie encore; nous ne sortons de nos foyers qu'en armes : l'Europe entière a vu nos baïonnettes; l'Afrique du Nord, qui nous appartient, connaît à peine la hache de nos pionniers. Chez nous tout s'oppose aux entreprises lointaines : les mœurs, la religion, la centralisation, l'amour des fêtes et des spectacles, et aussi l'esprit de possession de ce vieux sol gaulois, dont nous n'avons point encore fait la conquête. A peine sortis des langes de l'ancien régime, frais émoulus d'une révolution qui n'a point encore porté tous ses fruits, nous nous rattachons au sol avec amour, comme si, par intuition, nous connaissions ses ressources, comme si nous savions qu'il peut nous nourrir tous.

C'est en vain que nous demanderions à ce que dans les moments de crise nous considérons comme notre population surnuméraire, de se répandre au dehors avec cet entraînement britannique qui, à la moindre cessation de travail dans les manufactures, pousse les ouvriers de Birmingham ou de Manchester sur les rivages de l'Amérique, des Indes et de l'Australie. Il semble parfois que toute la race anglo-saxonne du Royaume-Uni n'attende qu'une occasion pour s'embarquer. L'émigration, dans ce pays, est le remède à tous les maux; il est employé dans toutes les maladies sociales auquel il est sujet, et, lors de la réforme des lois sur les céréales, cela n'a pas été un médiocre objet de discussion, de savoir si le peuple anglais devait aller chercher les céréales ou si les céréales devaient venir le trouver. L'émigration, en Angleterre, fait partie du système politique et social; il y a plus, c'est une des bases de son économie rurale. On a, dans certaines parties de l'Écosse, remplacé systématiquement les hommes par des moutons; l'Irlande ne doit son existence qu'au vide énorme causé par l'émigration.

En France, où la densité de la population est moins grande, de pareils moyens ne sont pas nécessaires et seraient d'ailleurs fort peu goûtés.

Cette situation particulière créée à l'Angleterre par ses goûts et les nécessités de son état social, lui a fait conserver sa suprématie coloniale. Pendant que l'Espagne, le Portugal, la Hollande et la France perdaient tour à tour leurs plus belles colonies, l'Angleterre ne se décourageait point des pertes qu'elle faisait aussi elle, et, poussée par les besoins de son commerce et de son industrie, fondait partout de nouveaux établissements. L'empire colonial de la Grande-Bretagne est encore immense : elle possède le Canada, les Indes orientales, une partie de l'Australie, le Cap, la Jamaïque, Maurice, une foule d'îles et de comptoirs dans toutes les mers et sur tous les littorals, sans compter d'immenses territoires à l'extrémité nord de l'Amérique. Le développement excessif de la marine marchande anglaise est un effet du vaste commerce qu'entretiennent ces nombreuses colonies avec leur métropole, à laquelle elles sont liées en outre, pour la plupart, par les liens du sang, du langage et de la religion. Ce que nous ne saurions trop admirer dans le développement formidable de cette puissance commerciale, c'est qu'il s'est opéré corrélativement aux progrès de l'agriculture et de l'industrie britanniques, dont il est la conséquence rigoureuse : il nous indique clairement, par l'évidence des faits, l'enchaînement que présentent dans l'ordre économique les diverses branches du travail national.

L'Amérique du Nord, qui dispute à la Grande-Bretagne sa suprématie maritime, et dont le commerce se rencontre avec le sien sur tous les points du globe, ne possède point de colonies; elle est elle-même une vaste colonie où se trouvent réunis tous les climats et toutes les productions. Les États-Unis n'ont pas moins soif de domination que leur ancienne métropole, mais ils procèdent autrement qu'elle pour s'assurer le champ dont leur activité commerciale et industrielle a besoin. C'est par le procédé de l'annexion que le drapeau fédéral de cette jeune et turbulente nation a pu augmenter successivement le nombre de ses étoiles et ajouter à son territoire, déjà si étendu, les vastes solitudes du Texas, du nouveau Mexique, de la Californie et de l'Oregon. L'ambition américaine ne s'en tiendra pas là, et les efforts qu'elle fait pour s'annexer l'Amérique centrale, le Mexique tout entier et Cuba, réussiront un jour, il n'en faut pas douter. C'est une maxime favorite aux États-Unis que l'Amérique doit appartenir aux Américains, c'est-à-dire aux Yankees, et toute leur politique tend vers son accomplissement. Pour peu qu'on jette les yeux sur un planisphère et qu'on n'oublie pas la politique traditionnelle de la Grande-Bretagne et des États-Unis, on verra que ces deux nations possèdent ou posséderont un jour toutes les colonies à sucre, et que les îles françaises, intercalées entre ces deux géants maritimes, ne peuvent manquer d'être anéanties, annexées ou conquises au moindre effort de leur part.

Peut-être objectera-t-on qu'une guerre avec l'Angleterre ou les États-Unis n'est point à craindre, et que nos rapports politiques et commerciaux avec ces deux nations sont trop bien établis pour qu'ils puissent se rompre un jour. C'est là malheureusement

un raisonnement hypothétique, qui aurait sa valeur
dans un congrès de la paix ou dans une assemblée
de quakers, mais qui dans aucun cas ne saurait être
admis par une nation prévoyante et justement sou-
cieuse de ses intérêts. Après ce qui vient de se passer
en Orient, nul ne peut répondre de l'avenir et
assurer les bienfaits de la paix même à la plus prochaine génération. Les progrès matériels accomplis
par les peuples ne sont pas suivis toujours du même
progrès moral, et l'égoïsme des intérêts particuliers,
à défaut de l'ambition des monarques, peut encore
arroser plus d'un champ de bataille. Que l'alliance
anglo-française, par exemple, par suite de circonstances que nous ne voulons pas prévoir, mais qu'on
est forcé pourtant d'admettre, soit dissoute, croit-on
que la Grande-Bretagne resterait seule contre nous,
et, appelant aux armes le ban et l'arrière-ban de
toute sa race, ne s'empresserait pas, au prix de tous
les sacrifices, de s'allier avec cette jeune et puissante
nation des États-Unis, qui n'est après tout que sa
chair et son sang, et qui continuera sa politique (1)?

L'hypothèse de cette alliance politique, tant cares-
sée par des hommes éminents appartenant aux deux

(1) Voir les intéressantes considérations sur l'alliance anglo-américaine
développées par M. John Lemoinne, dans la *Revue des deux Mondes* du 1er octobre 1857, à propos des événements de l'Inde. « La communauté des principes
» autant que celle de la race unit par des liens indissolubles les Anglais et les
» Américains, dit ce publiciste distingué, et ce n'est pas la première fois que
» l'Europe, au moment où elle croyait que les deux nations allaient en venir aux
» armes, a vu la voix du sang faire taire la voix de la colère. »

nations, et si désirable quand on se place au point de vue des intérêts et de la grandeur de la race anglo-saxonne, n'est point inadmissible; nous dirons plus, elle entre dans les probabilités sérieuses de l'avenir. On ne peut s'empêcher d'être épouvanté de la puissance maritime réellement formidable qui serait la conséquence la plus immédiate de l'union de ces deux nations dans une guerre contre l'Europe continentale. Cette force serait tellement irrésistible que toutes nos relations intertropicales deviendraient impossibles, et que nos flottes suffiraient à peine à garder la Méditerranée, où sont nos intérêts les plus sérieux. La marine anglo-américaine ferait sans coup férir le blocus de l'Europe, laquelle serait réduite à ses propres ressources, sans cependant avoir trop à en souffrir. Les circonstances qui peuvent amener un semblable conflit n'ont rien d'improbable; elles peuvent surgir inopinément des complications de la politique européenne. Il n'en faudrait pas tant pour nous priver de nos colonies, lesquelles deviendraient la proie facile d'une seule de ces deux nations, dont l'action puissante s'étend aujourd'hui sur tous les points du nouveau monde.

En parcourant ces vastes contrées qu'arrosent l'Hudson, le Saint-Laurent et le Mississipi, contrées où notre langue se parle encore, où notre nationalité a laissé de si excellents souvenirs, on ne peut s'empêcher de regretter que ces vastes fondements de puissance coloniale jetés par nous sur le continent américain aient profité à une race rivale dont l'esprit d'entreprise ne s'est point démenti, et qui a exploité habilement les fautes commises par nos gouvernements. Quel prix ne vaut pas aujourd'hui cette vaste et splendide Louisiane, qui produit du coton pour les manufactures de l'Europe, du sucre pour le nord de l'Amérique, du maïs, du froment, de la viande pour le monde entier, et que Napoléon Ier fut forcé de vendre 74 millions au gouvernement des États-Unis, juste appréciateur de cette magnifique acquisition ! C'était là une colonie qui, par la variété de son climat et de ses productions, pouvait entretenir notre navigation nationale et fournir à notre commerce des échanges productifs. Mais à quoi sert de la regretter? Sa perte est passée dans les faits accomplis; la France en a fait son deuil, deuil que notre génération insouciante et ignorante du passé porte aisément! Rien désormais ne pourra nous la rendre; notre rôle dans l'Amérique du Nord est fini, toute trace de notre influence disparaît de jour en jour, la raxe anglo-saxonne a tout envahi!

Ne donnons pas au passé de stériles regrets, et gardons-nous de former des vœux que nous ne puissions réaliser. Examinons les choses au point de vue des faits accomplis. Pouvons-nous être une grande puissance coloniale, et partant une puissance maritime? Avec nos colonies, non. Dans ce cas, où sont

les contrées qui restent à conquérir? Sans nier que
des États barbares, tels que Madagascar, par exemple,
appellent l'influence de notre civilisation et l'intervention de nos armes; sans nier que quelques-unes
de nos anciennes colonies, telles que Saint-Domingue
et l'île de France, anglaise à son corps défendant,
pourraient bien nous revenir un jour; sans méconnaître l'extension que la conquête de l'Algérie doit
apporter dans les relations de notre commerce maritime extérieur, nous n'en sommes pas moins aujour-
d'hui une puissance presque exclusivement continentale, dont l'influence politique et commerciale
sur les États de l'intérieur de l'Europe est destinée à
s'accroître de jour en jour. La France est la tête de
ligne de tous les chemins de fer européens, elle est
le point de jonction de l'Océan et de la Méditerranée.
En complétant notre réseau de voies ferrées, nous
pouvons augmenter considérablement notre transit
et contrebalancer sûrement les effets du développement excessif de la marine anglaise.

IV

L'effectif de la marine anglaise et de ses colonies
était en 1851 de 26,043 navires, jaugeant ensemble
5,652,343 tonneaux, tandis que le nôtre n'était que
de 14,555 navires, jaugeant 707,429 tonneaux. A la
même époque, le tonnage des États-Unis égalait celui

de la Grande-Bretagne. Aujourd'hui celui de cette dernière puissance dépasse 4 millions, et le nombre de ses navires 30,000. La marine américaine a fait des progrès plus prodigieux : elle jaugeait en 1856 5,212,000 tonneaux. Sans doute la marine française a fait depuis quelques années des progrès incontestables, mais nous sommes toujours dans la même infériorité relative vis-à-vis de nos puissants voisins. Si l'hypothèse d'une coalition maritime entre l'Angleterre et les Etats-Unis se réalisait, notre marine marchande serait, vis-à-vis de celle de ces deux nations, dans la proportion d'un contre cinq comme nombre, et d'un contre dix comme tonnage. Que les esprits superficiels, satisfaits d'avoir vu nos frégates à vapeur et nos canonnières dans les ports de Brest et de Cherbourg, s'écrient avec l'enthousiasme de bons patriotes que nous avons une marine glorieuse et invincible, c'est possible ; mais cette satisfaction produite sur la fibre nationale par le déploiement d'une grande force militaire disparaît promptement par l'effet du spectacle de l'activité commerciale des docks de Londres ou de Liverpool. L'infériorité notoire de notre marine marchande est encore plus vivement ressentie dans ces magnifiques ports du nouveau monde, où, au milieu d'une forêt de mâts sur lesquels flottent les couleurs de l'Angleterre et des États-Unis, on aperçoit à peine notre pavillon.

Il serait puéril de supposer que les quelques îlots

que nous possédons dans les Antilles puissent faire
jouer à notre marine un rôle comparable à celui des
flottes marchandes des Indes orientales et de l'Australie. Le transport de quelques balles de cassonnade
ne peut suffire à son activité, et ce serait rapetisser
la question maritime que de la subordonner entièrement, ainsi qu'on l'a fait jusqu'à ce jour, à la question des sucres. Voulez-vous une marine? Ayez
d'abord une industrie (1). Il n'est pas difficile d'établir que la marine espagnole, qui jadis couvrait les
mers de ses voiles, n'a pas dû sa décadence qu'au
déplorable système colonial mis en usage dans les
premiers temps de la découverte du nouveau monde,
mais aussi à l'absence complète d'échanges interna-
tionaux. Les galions chargés d'or et de précieuses
épices revenaient sur le lest dans ces contrées que
l'administration espagnole ne savait qu'épuiser. Combien est plus intelligent le génie britannique, qui
échange des produits contre des produits, qui éche-
lonne des consommateurs sur tous les points du
globe et ménage, par ce développement général de la
richesse, des ressources permanentes à la marine et
à l'industrie de la métropole! Les relations de l'Angleterre avec les États-Unis sont plus considérables
qu'avant la guerre de l'indépendance : la domination

(1) C'est ce que M. Léonce de Lavergne a si bien démontré dans son beau livre
sur l'Economie rurale du Royaume-Uni.

de ses colonies peut échapper à la Grande-Bretagne ;
ce qui ne lui échappera pas, c'est le commerce universel qu'elle s'est créé.

Que faudrait-il penser de l'avenir d'un chemin de
fer qui traverserait d'immenses solitudes sans s'être
assuré qu'à son point de départ et à son arrivée il
trouvera assez de voyageurs ou de marchandises pour
couvrir les frais de son exploitation? Telle est pourtant la situation d'une marine dont le point de
départ n'est pas l'industrie. Le rôle de voituriers ou
de facteurs maritimes a été exercé avec quelque succès
par certains peuples, mais ce succès n'est point durable, et la puissance éphémère qui en peut résulter
ne laisse après elle que des ruines. L'intérêt de la
marine a été invariablement invoqué par les adversaires de la sucrerie indigène ; mais cet intérêt, exa-
miné à fond et dégagé des périodes déclamatoires
habituelles sur l'honneur et l'avenir de notre pavillon, ne se trouve être, en définitive, ainsi qu'on le
verra dans le cours de ce travail, que celui de quelques ports et de quelques armateurs. Un équipage de
dix hommes peut, en trente ou quarante jours,
transporter mille tonnes de sucre ; nous ne voyons
rien, dans ce faible service productif, qui puisse
entrer en compensation avec les intérêts bien autrement sérieux de notre agriculture et de notre
industrie.

Pourquoi les navires américains, qui nous ap-

portent le tabac, la farine, le maïs, les salaisons, le
coton, en un mot tous les produits variés de l'agriculture des États-Unis, ne trouvent-ils pas de
chargement dans nos ports, et sont-ils, le plus
souvent, dans la nécessité d'aller chercher leur fret
de retour à Londres ou à Liverpool? Pourquoi nos
propres navires au long cours partent-ils si fréquemment sur le lest ou ne trouvent-ils qu'un
chargement insuffisant? Pourquoi, dès lors, notre
navigation est-elle la plus coûteuse et ne pouvons-
nous, dans nos propres ports, faire concurrence
à l'étranger? Parce que nous n'avons pas d'industrie
manufacturière pour entretenir un commerce d'exportation considérable. En 1855 l'Angleterre a
exporté pour 879 millions de calicot, cotonnades
et divers tissus; la France en a exporté pour 75 millions seulement. Les États-Unis nous achètent pour
52 millions de dollars de marchandises; ils en
achètent à leur ancienne métropole pour 95 millions!
Le chiffre général de nos importations balance à
peu près celui de nos exportations; en Angleterre,
le dernier dépasse le premier de deux milliards,
somme énorme, qui sert à défrayer les manufactures
de la Grande-Bretagne et à entretenir ce commerce
immense, objet de notre admiration, mais que nous
ne pouvons encore avoir la prétention d'atteindre.
Quelle preuve plus concluante pouvons-nous trouver
que c'est dans l'agriculture et l'industrie que nous

devons chercher les éléments d'une prospérité
durable, et que c'est en produisant beaucoup et
non en achetant beaucoup que nous pouvons trouver
un aliment sérieux à notre marine, qui est une
branche de notre activité nationale, et qu'après tout
nous voudrions voir prospérer, mais dont les intérêts, en tant qu'industrie de transport, ne doivent
pas dominer les intérêts plus précieux de l'agriculture et de l'industrie manufacturière?

Qu'on suppose une industrie qui, par son action
reconnue sur l'agriculture, tende à augmenter la
production des céréales et crée en même temps un
produit propre à l'alimentation publique et à l'exportation ; n'y aurait-il pas là une source féconde
de richesse, dont nous devrions nous hâter de profiter et qui pourrait sûrement contrebalancer les
intérêts artificiels qu'on lui oppose? Eh bien, cette
industrie, c'est la fabrication du sucre de betterave.
Nous aurons, dans le cours de ce travail, l'occasion
d'établir que non-seulement la France peut se suffire à elle-même dans la production du sucre, et
se dispenser d'aller en acheter une seule balle à
l'étranger; mais qu'elle peut, au grand avantage
de son agriculture, en fournir à une partie de l'Europe. La France, qui a trouvé chez elle le salpêtre,
la soude, qui a créé sous le premier empire une foule
d'industries qui nous ont affranchis de l'étranger,
deviendrait par la conquête définitive du sucre

de betterave et des plantes saccharifères, telles que
la canne et le sorgho, qu'on peut avec succès introduire dans le Midi ou en Algérie; la France, placée
comme elle l'est à la tête des chemins de fer inter-
nationaux, deviendrait pour elle-même et pour l'Europe continentale une magnifique colonie.

La France, depuis la conquête de l'Algérie, cette
extension de nos provinces du midi, cette belle
colonie qui doit nous dédommager de la perte de
nos anciennes possessions de l'Amérique et des
Indes, et nous donner sur la Méditerranée une
influence prépondérante; la France, depuis cet
agrandissement inespéré au midi, s'est complétée
et présente la variété la plus rare de productions,
de sol et de climat. « La France, dit Henri Martin,
» est à l'Europe ce que l'Europe est au reste du
» monde; c'est le climat tempéré par excellence,
» le climat où les différences de température sont
» tout à la fois le moins considérables de saison à
» saison, et le plus considérables de degré en
» degré de latitude, ce qui lui assure en même
» temps les meilleures conditions de salubrité et la
» plus grande diversité possible de productions. Il
» n'est pas de pays qui possède une faune et une
» flore aussi variées. Les céréales et les vignes, les
» premières vignes du monde, s'y étendent sur
» des zones immenses; celles-là au nord, à l'ouest,
» à l'est, au sud-ouest; celles-ci à l'est, au sud-ouest

» et au sud: Ce que les hommes ont ôté à ce pays
» en·fait de bois et de pâturages, les hommes mieux
» dirigés peuvent le lui rendre dans la mesure de
» ses besoins. Toutes les cultures industrielles,
» moins celles des tropiques, trouvent chez lui un
» sol propice; les arbres fruitiers des moyennes
» régions prospèrent dans les trois quarts de son
» territoire; les fruits des pays chauds, l'olive, la
» figue, l'orange et le limon, mûrissent sur ses
» collines et ses plages du midi; les sapins de la
» Scandinavie couvrent ses montagnes, et les cygnes
» des mers polaires se baignent dans ses étangs du
» nord, tandis que le palmier africain vit en pleine
» terre sur ses côtes de l'extrême sud, et que le
» flamant déploie sur les lagunes de ses côtes ses
» ailes empourprées par les feux du tropique.

» La richesse intérieure répond à la richesse
» extérieure du sol; les mines sont nombreuses et
» abondantes. Sur le continent, nul pays ne possède
» autant de fer; l'autre grand agent de l'industrie,
» la houille, cette végétation morte que la terre
» nous laisse arracher de son sein pour suppléer à
» l'insuffisance de la végétation vivante, a multiplié
» ses gisements dans diverses portions du terri-
» toire, et repose surtout par bancs énormes sous
» la région de l'extrême nord.

» Par cet ensemble de conditions, unique dans
» le monde, cette terre privilégiée est à la fois le

» pays le plus capable de se suffire à lui-même et
» le pays destiné à la vie de relation la plus étendue
» et la plus multiple. »

On peut dire en effet qu'il n'est rien que la
France ne puisse produire; le blé, la viande, le
vin, les plantes légumineuses, le coton, le café, le
sucre, le tabac, les épices et les fruits des tropiques
sont maintenant les produits de son sol ou de celui
de l'Algérie. Par le développement de toutes ses
ressources, elle pourra aisément se suffire à elle-
même et se passer de ces établissements lointains
qui sont indispensables à l'Angleterre. L'existence
sociale et politique de la Grande-Bretagne ne peut
se comprendre sans ses colonies; elle ne peut vivre
sans mettre l'univers à contribution; nous sommes
nous-mêmes à son égard, en lui fournissant le vin,
les fruits, les légumes que son ciel inclément lui
refuse, une de ses colonies. Ce qui manque au
nord de l'Europe, nous le produisons ou pouvons
le produire. Considérée de ce point de vue, la perte
de nos colonies, en nous forçant de nous suffire à
nous-mêmes et à profiter de toutes les ressources
de notre sol et de notre climat, créera chez nous
une industrie universelle et assurera à notre pays
une prépondérance politique et commerciale qu'il
chercherait vainement dans le développement de
sa marine.

Pour coopérer à ce grand résultat, que le pays a

droit d'espérer de l'avenir ; pour maintenir son premier rang d'industrie nationale, qu'elle a eu tant de peine à conquérir, la fabrication du sucre de betterave ne demande aucun privilége, aucune protection, aucun monopole. Elle ne demande pas l'ostracisme des produits similaires à celui qu'elle retire du sol ; elle en accepte franchement la concurrence, parce qu'elle ne la craint point. Ce qu'elle demande, ce qu'elle désire, ce qu'elle espère, c'est la liberté complète de son travail et de ses transactions, c'est une législation équitable, dont elle trouve la promesse dans la loi du 6 juin 1856. Dans les conditions de parfaite égalité de droits avec le sucre de nos colonies, le sucre de betterave n'en craint point la concurrence ; il ne redoute pas davantage ces nouveaux sucres indigènes que le sorgho semble promettre au midi de la France et à l'Algérie. Si les essais qui ont été faits dans ces derniers temps pour retirer le sucre de cette plante donnent, par de nouvelles épreuves, des résultats économiques suffisants pour en permettre l'exploitation en grand, le Midi, à son tour, pourra se livrer à cette grande et féconde industrie sucrière qui, après s'être établie dans tout le Nord et jusqu'aux portes de Paris, commence à gagner les régions du centre de la France, et peut, à n'en pas douter, prospérer dans la plupart de nos départements. Ses adversaires, si elle en a encore, ne

pourront plus dire qu'elle représente des intérêts
sectionnels, car elle aura véritablement justifié son
titre d'industrie nationale (1).

(1) Les tentatives de fabrication de sucre de sorgho se poursuivent au moment
où nous écrivons sur plusieurs points. M. Dupèyrat, directeur de la ferme-école
des Landes, et M. Hardy, l'habile directeur de la pépinière d'Alger, ont publié,
l'un dans le *Journal d'agriculture pratique*, l'autre dans les *Annales de la colonisation algérienne*, le résultat d'essais fort intéressants, qui ne peuvent laisser que
peu de doutes sur l'avenir réservé à cette nouvelle branche de l'industrie sucrière.

FIN DE L'INTRODUCTION.

DE LA FABRICATION

DU

SUCRE DE BETTERAVE

PREMIÈRE PARTIE.

1

Les éléments des questions d'intérêt matériel sont essentiellement variables et ne reposent pas, comme ceux de l'ordre moral, sur des principes fixes qu'on peut invoquer dans tous les temps et dans toutes les circonstances. Les arts chimiques et mécaniques font de nos jours des progrès si considérables, les résultats obtenus dépassent tellement les prévisions des hommes les plus éclairés de la dernière période, que des modifications profondes dans notre régime fiscal en sont ou doivent être naturellement la conséquence. Le véritable rôle de l'économie politique devrait être de s'appliquer à constater ces progrès, auxquels elle ne peut avoir la prétention de contribuer, mais qu'elle doit coordonner dans leur ensemble et apprécier sous tous leurs aspects. Elle ne doit pas négliger davantage de suivre la marche de

la civilisation générale chez les différents peuples,
et de signaler les relations nouvelles que la facilité
des communications et la diffusion des lumières
établissent entre eux. A ce double point de vue, on
peut dire que la question des sucres a fait depuis
1843 des progrès marqués, et que les arguments
dont on s'est servi de part et d'autre dans ce grand
débat économique n'ont plus la même valeur ni le
même intérêt. L'existence de la sucrerie indigène ne
peut plus faire question, et dépendre d'un vote
d'une assemblée législative. Elle vit, mais, pour
remplir toutes les conditions de son existence, il
faut que ses défenseurs justifient de ses avantages
et la placent, pour parler comme de l'autre côté de
l'Atlantique, sur une plate-forme tellement inébranlable, qu'elle puisse y défier toutes les attaques
de ses ennemis et leur renvoyer tous leurs coups.
C'est à ce but qne nous allons nous efforcer d'atteindre.

Si l'on examine comparativement une tige de
canne à sucre et la racine d'une betterave, en em-
ployant les moyens les plus simples que l'analyse
chimique mette à notre disposition, on trouvera
que le jus extrait de la première contient 18 à 20 0/0
de matière saccharine, tandis que le jus exprimé de
la seconde n'en contient que 10 à 12. On trouvera
en outre que le jus de la plante tropicale, composé
pour ainsi dire de sucre pur et d'eau, ne renferme

qu'une portion insignifiante de matières azotées et
de sels minéraux, tandis que sa succédanée d'Europe révèle au contraire une notable proportion de
ces substances, parmi lesquelles des sels de soude et
de potasse. L'albumine et autres matières azotées
sont dans la canne et la betterave dans le rapport de
un contre trois, et les sels minéraux de un contre
onze; mais le mince parenchyme de la betterave,
comparé à l'enveloppe ligniforme de la canne, n'est
que d'un dixième en poids, et procure à la plante
européenne, dans l'extraction du sucre, de notables
avantages sur la plante des tropiques (1). D'un autre
côté, on remarque une différence caractéristique
dans la saveur et dans le goût du jus de ces deux
plantes saccharifères, dont l'une est aussi supérieure
à l'autre, sous ce rapport, que l'ananas parfumé des
Antilles est au-dessus de la pomme à cidre de nos
vergers de la Normandie.

Si deux semblables plantes avaient été mises par
la nature dans le même champ, si elles mûrissaient
sous les mêmes latitudes, si en un mot elles étaient
le produit de l'industrie d'une même contrée, on
ne concevrait pas que l'on pût demander à l'une ce

(1) Un des points remarquables dans la composition de la betterave, dit
M. Payen, c'est la faible proportion du tissu résistant : on voit que moins d'un
centième du poids total suffit pour donner à cette racine toute sa consistance, de
telle sorte que, si l'on parvenait à déchirer toutes les cellules, la masse entière
de la betterave serait rendue liquide.

qu'on demande à l'autre, et qu'elles servissent in-
distinctement à l'extraction du même produit.
Quelle que fût l'imperfection des moyens mécaniques employés pour en exprimer le suc, on parvien-
drait toujours, vu la densité plus grande du jus de
la canne, à retirer de celle-ci au moins autant de
sucre que de la betterave, plus facile à exprimer
parce qu'elle est plus aqueuse : la preuve en existe
dans les rendements respectifs de l'industrie coloniale et métropolitaine. Si, pour poursuivre notre
hypothèse, ce caprice de la nature s'était jamais
réalisé, toute l'industrie de l'homme se fût appli-
quée, à n'en pas douter, à l'extraction du sucre de
canne, et le sucre contenu dans la betterave, qui
joue aujourd'hui un si grand rôle dans la consommation, n'eût été exprimé qu'à titre de curiosité
spéculative, pour prendre place dans la série des
produits végétaux que la science humaine arrache
en si grand nombre à la nature.

Les mêmes réflexions pourraient s'appliquer à
l'industrie des boissons spiritueuses, boissons d'un
usage si général chez tous les peuples, quel que
soit d'ailleurs leur degré de civilisation, et dont
la variété prouve qu'un goût impérieux, sinon le
besoin, les a poussés à la découverte des principes
alcooliques qui en sont la base. Depuis la Tartare,
qui boit avec délices le koumisse ou lait fermenté
de ses juments, jusqu'à l'insulaire de la Grande-

Bretagne, qui s'abreuve de bière ou de gin, toutes les variétés de l'espèce humaine éprouvent le même besoin ou la même passion. A coup sûr, si la région des vignes s'étendait dans les froides latitudes du nord de l'Europe, et si le raisin pouvait mûrir sous les brouillards de l'Angleterre, la bière ne serait pas la boisson principale des populations germaniques et anglo-saxonnes; la bière n'en aurait pas moins été découverte et employée, mais son usage se fût singulièrement restreint. Un excès de production de l'industrie viticole, de grandes facilités de transport et la suppression de tarifs prohibitifs, produiraient peut-être à la longue les mêmes résultats; de même que du jour où le commerce des Indes orientales nous fut ouvert, mais surtout depuis la découverte de l'Amérique et la transplantation de la canne à sucre dans les îles de la mer des Antilles, l'usage des sirops de fruits et de raisin et des diverses matières sucrées que la nécessité ou l'instinct faisait retirer de certains végétaux, cessa presque complétement. L'industrie des abeilles, si intéressante d'ailleurs, et la plus ancienne industrie sucrière du monde, a été, depuis l'introduction du sucre de canne en Europe, toujours en déclinant.

On semblerait devoir conclure de ce raisonnement que chaque région a ses produits naturels et que certaines industries sont localisées par la nature elle-même. Il semble en effet, au premier aperçu, que la canne, plante saccharifère par excellence, doive servir seule à la production du sucre, et que l'industrie européenne de la betterave, née sous l'empire de circonstances économiques exceptionnelles, soit appelée à disparaître un jour. Nous n'avons pas la prétention de lire aussi loin dans l'avenir, ni l'envie de formuler notre jugement sur des conjectures. Nous voulons rester sur le terrain plus solide des faits et n'exposer que des faits. Or les faits nous enseignent que l'industrie n'obéit point à des règles absolues, et qu'il n'y a encore aucune de ces relations commerciales telles que la nature semble les commander, ou telles que le libre échange les rêve, établies sûrement entre les peuples. Si chaque nation devait exploiter exclusivement les produits qui lui sont naturels, les Etats-Unis commenceraient par prohiber les fils et les tissus de coton que leur envoie l'Angleterre, afin de mettre en œuvre dans leurs propres manufactures le produit de leur propre sol. L'Inde garderait également ses cotons, l'Australie ses laines, et les colonies à sucre n'enverraient plus leur cassonnade aux raffineurs de leurs métropoles respectives : chaque peuple, en un mot, chercherait à exploiter lui-même, par tous les moyens que l'industrie met à sa disposition, les produits naturels de son sol ou de sa culture.

Mais la nature des choses modifie singulièrement
ces données abstraites de la science économique, et
fait que tel peuple peut avoir plus d'avantage à
exporter ses produits bruts à un peuple plus manufacturier, qui dispose du fer, de la houille, d'un
puissant outillage, de grands capitaux et d'ouvriers
habiles ou spéciaux; et que tel autre, puisant
largement dans son sol au moyen d'une agriculture
en progrès, trouve plus profitable de produire chez
lui telle denrée que des régions plus favorisées de
la nature, mais dénuées de bras, dépourvues
d'activité industrielle et grevées de frais de transport considérables : les charbons de Cardiff et de
Newcastle vont jusqu'à Pittsburg faire concurrence
aux charbons de la vallée de l'Ohio; le fer anglais
lutte aux Etats-Unis avec celui de la Pensylvanie;
mais dans les bonnes années les blés d'Odessa, et
encore moins ceux d'Amérique, ne peuvent lutter
avec les nôtres sur notre marché. De même la
betterave, malgré une richesse saccharine considérablement moindre, peut, grâce aux efforts de
l'industrie à laquelle elle a donné lieu, lutter
avec succès contre sa rivale des tropiques. Quoi
de plus concluant d'ailleurs en faveur de l'avenir
de l'industrie métropolitaine que la surtaxe de
7 fr. par 100 kilog. que ses produits supportent
depuis 1851? Quoi de plus concluant encore que
les revenus énormes qu'elle assure au Trésor,

revenus qui pour la campagne prochaine ne s'é-
lèveront pas à moins de 65 à 70 millions? Ceux
qui tous les jours insultent et calomnient cette
industrie, si véritablement nationale, en débitant
sur son compte mille rapsodies à peine dignes
d'être relevées, paient-ils comme elle et peuvent-ils
se flatter de contribuer dans une aussi large proportion aux revenus publics?

Mais passons.

Il résulte donc de l'examen des faits, que la
donnée scientifique de la richesse saccharine de la
canne n'a, jusqu'à présent, aucune valeur économique, et que la betterave peut donner lieu à une
industrie tout aussi vivace, en parvenant à livrer
ses produits au même prix. Des faits analogues et
aussi incontestables nous sont révélés dans le
domaine de l'agriculture. Qui croirait que
l'Angleterre, avec son sol maigre, son climat
humide et son pâle soleil, produit des récoltes de
céréales doubles des nôtres, et que le rendement de
ses prairies dépasse celui des luxuriants herbages
de la Lombardie? La perfection de son agriculture
explique cette puissance productive. De même les
progrès de la fabrication du sucre de betterave
expliquent que le cultivateur du Nord puisse retirer
autant de sucre d'un hectare de son sol froid et
humide que l'indolent créole de ses riches terres
des Antilles, baignées de parfums et de soleil. C'est

49

là assurément un beau triomphe pour l'industrie indigène et un légitime sujet d'orgueil pour nos fabricants. Est-ce à dire que cette égalité de rendement subsistera toujours? Il serait téméraire de l'affirmer. Mais si l'industrie coloniale peut réaliser de grands progrès, l'industrie métropolitaine en peut faire aussi, et rien ne nous dit qu'on ne parviendra pas à former et à répandre une espèce de betterave à sucre infiniment plus riche en matière saccharine que celle que nous cultivons aujourd'hui (1). De la betterave aussi riche que celle qu'on produit dans certaines parties de l'Allemagne et dans la Russie méridionale, où cette industrie a tant d'avenir (2), rétablirait promptement l'équilibre et permettrait à la sucrerie indigène de lutter contre les sucres du monde entier.

En veut-on la preuve? Il suffit de jeter un coup d'œil sur la statistique de l'industrie sucrière dans

(1) Voir à ce sujet un mémoire plein d'intérêt, de M. Vilmorin.
Ainsi que le fait remarquer M. Payen, dans l'intéressant travail sur la betterave à sucre qu'il vient de publier dans la *Revue des deux Mondes*, l'impôt du sucre dans tous les états de l'association allemande est basé, non comme chez nous, sur les quantités de sucre présumées et définitivement acquises, mais seulement en raison du poids des racines soumises au râpage. Bien que cet impôt soit moins lourd qu'en France, puisqu'il n'est que de 20 fr. au lieu de 54 par 100 kilog., on comprend tout l'intérêt que doit trouver l'industrie dans l'emploi de betteraves riches en sucre.

(2) En 1852, la Russie comptait 364 fabriques de sucre, occupant 45,711 ouvriers, produisant 2,418,238 pouds de sucre et représentant une valeur de 19,315,603 roubles.
En Autriche, où les premières sucreries datent de 1830, les progrès de cette industrie n'ont pas été moins grands. Aujourd'hui cet État ne compte pas moins de 108 fabriques, qui opèrent sur 308 millions de kilog. de betteraves et produisent 14 millions de kilog. de sucre, plus 9 millions de kilog. de mélasse.

4

les Etats du Zollverein. En 1847, le nombre des
fabriques de sucre de betterave était de 107, produisant 15 millions de kilogr. de sucre; en 1853,
le nombre était de 238, et la production de 85
millions de kilogr. La consommation des sucres
de toute espèce s'est élevée pour cette courte période, de 2 kilog. 1/2 à 3 kilog. 1/2 par tête et
par an, soit de 30 millions pour toute la population du Zollverein. L'importation des sucres
de canne a naturellement suivi une marche contraire, et s'est réduite de 67 millions de kilogr.,
moyenne annuelle de la période 1842-1846, à
38 millions de kilogr. en 1853. Le rendement de
la betterave est évalué à 8 0/0 de sucre, c'est-
à-dire 2 0/0 au moins de plus qu'en France,
rendement magnifique, qui prouve que si la betterave est en Allemagne plus près de son origine,
et y trouve sans doute des conditions de sol et
de climat plus favorables, elle y est aussi l'objet
des soins les plus intelligents du côté des fabricants,
et nous ajouterons de la protection la plus éclairée
de la part des gouvernements. L'industrie indigène
a pu ainsi réaliser des progrès considérables, qui
tournent en définitive au profit de l'Europe entière,
car si le Zollverein ne produisait pas aujourd'hui
la plus grande partie du sucre nécessaire à sa consommation, laquelle est actuellement de 120 millions de kilogr., le prix des sucres, déjà si élevé,

serait bien plus élevé encore : Lubeck, Brême et
Hambourg viendraient le disputer aux autres ports
de l'Europe et enlever à leur tour une part de la
production déjà insuffisante de l'industrie coloniale.
N'avons-nous pas raison de dire que la betterave
est la source la plus sûre de la production du
sucre, et que c'est à cette plante que l'Europe doit
désormais s'adresser? Curieux phénomène assurément, qui par ce temps de cosmopolitisme est
une nouvelle preuve que, tout en se rapprochant,
les peuples cherchent néanmoins à se passer les uns
des autres et à satisfaire leurs besoins croissants par
l'établissement de grandes industries nationales.

II

En 1747, à l'époque où Margraff faisait la découverte du sucre de betterave et conseillait aux
paysans prussiens de se livrer à l'extraction d'un
produit qui pouvait remplacer avantageusement le
sucre des colonies, le marché européen était fourni
abondamment par le Brésil, les colonies hollandaises de l'Amérique du Sud, les possessions
françaises, et enfin par les îles anglaises de la mer
des Antilles, où, par suite de l'introduction des
esclaves d'Afrique, la culture de la canne venait de
recevoir une vive impulsion. L'importation de ces
diverses colonies s'élevait à 150 millions de kilogr.

environ, et le sucre, ne supportant que des droits
de consommation insignifiants, ne paraissait pas
valoir en France plus de 85 à 90 francs les 100 kilogr.
En 1790, le sucre ne se vendait encore à Saint-
Domingue que 55 francs, et la mélasse 18 à 20 francs.
Ces prix n'étaient point assez élevés pour permettre
à une fabrication nouvelle de s'établir sans l'aide
d'une vigoureuse protection; et, bien que Margraff
eût entrevu tout le parti qu'on pouvait tirer de sa
découverte, il ne donna aucune suite à ses essais;
les idées émises dans son Mémoire restèrent près
d'un demi-siècle avant de recevoir une application
sérieuse.

Vingt-cinq ans après la découverte de Margraff,
Achard, chimiste de Berlin, persuadé du grand parti
qu'on en pouvait tirer, commença à son tour des
expériences sur le sucre de betterave. Il fut encouragé dans ses recherches par Frédéric-le-Grand,
dont on connaît l'amour pour les lettres et les
sciences. Ce monarque voyait dans l'application de
cette découverte un moyen de développer l'industrie
de la Prusse et de diminuer l'exportation du numéraire employé par son peuple à se procurer le sucre
des colonies. La mort de Frédéric empêcha pour
quelque temps Achard de continuer ses intéressantes expériences; il ne put les reprendre qu'en
1795. Ses observations sont consignées dans un
Mémoire curieux, en ce sens qu'Achard y énumère

les emplois si multiples auxquels la betterave a depuis donné lieu : le collet ou la tête de la racine est mangé en vert par les animaux ; les pulpes exprimées ou marc servent également à la nourriture du bétail ; une grande production d'engrais en est la conséquence ; ces engrais retournent au sol et le rendent essentiellement propre à la production des céréales ; les résidus peuvent être convertis en eau-de-vie ou en vinaigre ; les feuilles elles-mêmes sont susceptibles de servir à faire du tabac ; il n'est pas jusqu'au café et à la bière, ajoute M. Achard, qu'on ne puisse imiter avec les résidus de cette plante, véritablement universelle. Ces dernières applications, que nous avons vues se renouveler de nos jours, et que nous n'avons nullement la prétention d'appuyer, sont inutiles pour justifier l'utilité de la betterave et le parti avantageux qu'en tirent aujourd'hui l'agriculture et l'industrie.

Achard fit l'application en grand de ses essais à sa terre de Cunera, en basse Silésie, où il porta la culture de la bettarave à 60 ou 70 arpents. En 1799, il put présenter au roi de Prusse des pains de sucre indigène comparables au plus beau sucre de canne. Plusieurs commissions furent nommées pour savoir si la fabrication en grand de ce nouveau sucre serait avantageuse ; les conclusions de leurs rapports furent favorables à la nouvelle branche d'industrie : le sucre de betterave pouvait être produit en grand

au prix des moscouades coloniales dans les temps
ordinaires, c'est-à-dire à environ 65 centimes le
kilogramme. Cette moscouade pouvait, par les opérations ordinaires du raffinage, fournir les mêmes
produits que le sucre brut exotique. Les produits
accessoires pouvaient trouver un bon débit et diminuer dans une grande proportion les frais de fabrication. En un mot, il était possible de produire le
sucre en Europe dans des conditions économiques
telles, que le succès ne pouvait être douteux. S'il
faut en croire Achard, le gouvernement anglais,
effrayé de l'atteinte que l'application de cette découverte pouvait causer au commerce colonial de la
Grande-Bretagne, lui fit proposer, sous le voile de
l'anonyme, des sommes considérables pour qu'il
reconnût la futilité de ses premiers essais; mais
Achard rejeta cette offre humiliante et continua de
publier le résultat de ses travaux.

C'est en l'an VIII (1799) de la république, que
la nouvelle des résultats obtenus par M. Achard
parvint en France. Ce savant, après la description
des procédés employés par lui, annonçait que la
moscouade, ou sucre brut d'une nuance inférieure,
lui revenait à 65 centimes le kilogramme. Il ajoutait
qu'en perfectionnant sa manipulation, et en déduisant le prix de vente des résidus, sur l'emploi
desquels il insistait beaucoup, cette moscouade ne
reviendrait qu'à la moitié de ce prix. La lettre

d'Achard, insérée dans les *Annales de chimie*, produisit en France la sensation la plus profonde. Tous les journaux en publièrent des extraits; toutes les classes de la société s'en occupèrent à divers points de vue, suivant les idées et les passions de l'époque : les uns, considérant cette découverte comme la démonstration d'un charlatanisme effronté; les autres, y voyant un des moyens d'échapper au monopole oppressif, commercial et industriel de l'Angleterre. Un fait aussi important, annoncé par un chimiste distingué, déjà connu par ses travaux, ne manqua pas toutefois de fixer l'attention des savants, et une commission composée de MM. Cels, Chaptal, Fourcroy, Deyeux, Guyton-Morveau, Parmentier, Tessier et Vauquelin, fut nommée par l'Institut à l'effet d'examiner les procédés d'Achard et procéder à des expériences concluantes sur cette curieuse et nouvelle branche d'industrie.

Les essais de cette commission, composée des noms les plus illustres de la science chimique et de l'économie rurale, accusèrent un rendement de 224 kilogr. cassonnade blanche pour 25,000 kilogr. de betterave, ce qui ne faisait pas tout-à-fait 1 0/0, soit un cinquième de la quantité que les plus médiocres fabricants obtiennent aujourd'hui. En revanche, le produit de la betterave venue sur un terrain maraîcher, fortement fumé, des environs de Paris, était de plus de 72,000 kilogr. à l'hectare, ce qui assurément est considérable. Malgré de nombreuses difficultés, du ressort de la technologie, que cette savante commission eut à surmonter, et qui ne lui permirent pas de raffiner la moscouade qu'elle retira des betteraves soumises à l'expérimentation, son rapport fut favorable, et le prix de revient fut établi par elle, approximativement, à 1 franc 60 centimes le kilogr., chiffre bien éloigné de celui d'Achard, mais qui offrait encore une perspective encourageante aux capitalistes décidés à entreprendre la nouvelle industrie. La commission ne se dissimulait pas, au surplus, que les procédés employés par elle laissaient beaucoup à désirer, et que des résultats économiques plus avantageux pouvaient être obtenus. Mais à cette époque, le prix du sucre, bien que très-élevé, ne l'était point encore assez pour une industrie naissante, que les prévisions d'une paix avec l'Angleterre pouvaient d'ailleurs effrayer sur son avenir; aussi les deux seuls établissements qui se formèrent aux environs de Paris ne tardèrent-ils pas à succomber.

Bien que cette industrie, l'avenir l'a démontré, fût susceptible du plus grand succès et d'un développement qui n'a de limites que dans une consommation toujours croissante de ses produits, elle ne tarda pas à être abandonnée, ou plutôt cessa d'occuper le premier plan dans l'attention du public, préoccupé davantage, alors, du sirop de raisin, que

la science chimique de l'époque espérait pouvoir
amener à l'état de sucre cristallisable, et dont, sur
l'impulsion de M. Proust, si magnifiquement récom-
pensé par l'Empereur, on fabriquait des millions
dans le midi de la France. On pensa aussi à la culture de la canne à sucre, et des essais infructueux,
sur lesquels on reviendra probablement un jour (1),
furent entrepris dans les environs de Nice. L'érable
à sucre qui, dans des conditions économiques exceptionnelles, donne aux États-Unis et au Canada des
produits de bonne qualité, fut également soumis à
cet esprit d'investigation qui interrogeait tout le
règne végétal pour y découvrir et en retirer un produit que les circonstances vraiment extraordinaires
du blocus continental nous faisaient payer 6 francs
la livre, pendant que les Anglais, surchargés d'un
stock de 45 millions de kilogrammes, en vinrent,
par l'avilissement des produits, jusqu'à le faire
manger à leurs chevaux. Napoléon, préoccupé à
juste titre de cette situation si extraordinaire, mais
qui était à bien des égards la conséquence rigoureuse
de son système de représailles commerciales, appela
de nouveau l'attention publique sur l'extraction du
sucre de la betterave, et invita l'Institut à nommer

(1) Voir à ce sujet le travail intitulé : *De la canne à sucre aux Etats-Unis, au point de vue de la production du sucre et de l'alcool dans notre colonie du nord de l'Afrique*, publié par nous dans les *Annales de la colonisation algérienne*, en juin, juillet et août 1855.

une commission pour faire de nouvelles recherches à cet égard. Le rapport de M. Deyeux, membre de cette commission spéciale, parut en 1810, et deux pains de sucre, parfaitement cristallisés et jouissant de toutes les propriétés du plus beau sucre de canne, furent présentés à l'Empereur.

Le travail de M. Deyeux, fait au point de vue chimique sur des betteraves des environs de Paris, n'indiquait pas la quantité de sucre qu'on pouvait obtenir de ces racines; la question importante du prix de revient n'avait pas non plus été résolue. La commission de l'an VIII, on s'en souvient, avait à peine obtenu 1 0/0, et, bien qu'on annonçât qu'en Allemagne, où des manufactures s'étaient élevées, on retirait de 4 à 6 0/0 de sucre brut, ce fait, si intéressant pour l'avenir de la nouvelle industrie, n'était point suffisamment avéré. A cette époque, M. Derosne, qui a rendu de si grands services à la fabrication du sucre, était parvenu à un rendement de 2 0/0 d'une moscouade commune, qu'il amena à l'état de sucre sec par sa méthode de terrage à l'alcool, et qu'il présenta au ministre de l'intérieur. D'un autre côté, M. Barruel, préparateur du laboratoire de M. Deyeux, reprit les expériences de la commission de l'Institut sous le rapport manufacturier, et les consigna dans un Mémoire, qu'au point de vue des progrès accomplis depuis par cette industrie naissante, il est intéressant d'examiner.

Le râpage de la betterave se faisait au moyen de divers instruments : celui auquel M. Barruel donna la préférence se composait de deux cylindres cannelés en bois, tournant l'un sur l'autre, et alimentés par une haute trémie, pleine de racines. Il y a loin de là à la râpe à sabot des sucreries modernes, dévorant la betterave avec une rapidité de 800 tours à la minute. L'expression de la pulpe s'opérait au moyen de la presse à cric, à vis ou à coin ; on n'obtenait pas plus de 65 à 70 0/0 de jus, tandis qu'on en obtient près de 85 aujourd'hui. Le jus obtenu était passé à travers un tissu de laine et soumis immédiatement à l'évaporation à feu nu dans une chaudière d'environ 2 mètres de diamètre sur 0^m,80 de profondeur. Aussitôt que la liqueur entrait en ébullition, on y jetait de la craie pulvérisée, ou carbonate de chaux, jusqu'à ce que le papier de tournesol ne rougît plus ; on écumait la surface et on continuait l'évaporation, jusqu'à ce que le liquide eût acquis la consistance du sirop. A cet état, la matière sucrée était versée dans des formes coniques et placée dans un lieu frais, pour qu'elle pût déposer ses sels calcaires, ce qui avait lieu au bout de six à sept jours. On décantait ensuite et on filtrait à travers une chausse en laine ; puis, le sirop filtré était versé dans une chaudière, et clarifié à l'aide de sang de bœuf ou de lait. Après ébullition, on écumait, et on rapprochait le sirop du point de cuite ;

on filtrait de nouveau tout bouillant, et on mettait dans des cristallisoirs en terre ou en fer-blanc, de forme carrée, d'une contenance de 30 kilogr. environ, qu'on passait ensuite à l'étuve. Cette étuve, divisée en plusieurs étages d'un mètre de hauteur, destinés à recevoir les cristallisoirs, était soumise à l'action de courants d'air chaud qui achevaient l'opération. Au bout de sept à huit jours, la cristallisation commençait ; après vingt-cinq à trente, elle était terminée. On retirait alors les cristallisoirs de l'étuve, on détachait les cristaux adhérents aux parois et on versait le tout dans des sacs à claire-voie, qu'on soumettait à l'action de la presse. On retirait du sac une moscouade, à laquelle il fallait encore dix à douze jours d'étuve pour être suffisamment desséchée et livrée au commerce.

Par l'emploi du procédé de fabrication que nous venons de décrire, procédé aussi éloigné des moyens accélérés et perfectionnés de la sucrerie indigène moderne, que la trituration du blé dans les douars arabes l'est de nos puissantes minoteries à la vapeur, M. Barruel ne put retirer que 74 kilogr. de moscouade, de 5,000 kilogr. de betteraves, c'est-à-dire pas tout-a-fait 1 1/2 pour cent. Le prix de revient était de 5 francs 53 centimes le kilogr. ; mais les betteraves, achetées dans les environs de Paris, avaient coûté le prix excessif, pour l'époque, de 50 francs les 1,000 kilogr. D'une autre part, les dépenses qui s'appliquent à un essai en petit sont incomparablement plus grandes; en sorte qu'il n'y avait rien à conclure de ce prix de revient. Les expérimentateurs, MM. Barruel et Isnard, présumaient que dans une fabrique opérant sur les betteraves de 40 arpents, soit 6,000,000 kilogr. environ, le prix de la moscouade ne dépasserait pas 0 franc 98 cent. le kilogr., et le prix du sucre raffiné 1 franc 40 cent.

Nous avons peu de chose à dire de la culture, mais nous ferons remarquer, comme renseignement digne d'intérêt, que le rendement en racines, sur une sole fumée, était à cette époque, dans les environs de Paris, de 15,000 kilogr, par arpent, ce qui fait à peu près 35,000 kilogr. à l'hectare. C'est encore celui qu'on obtient aujourd'hui dans des terres où la betterave est cultivée depuis cinquante ans. Dès cette époque, on s'était aperçu, dans la plaine des Vertus, que le blé qui succédait à la betterave était le plus beau de la contrée; observation si bien d'accord avec la théorie des assolements, justifiée depuis dans toutes les régions où cette culture s'est introduite, et si élémentaire en agronomie, qu'il est vraiment extraordinaire de ne pas la voir plus généralement reconnue.

III

Pendant ce temps, d'autres essais se poursuivaient sur divers points du territoire, et donnaient des résultats de plus en plus encourageants. Le rendement atteignait 2 1/2 0/0. D'un autre côté, le blocus continental venait de porter au dernier degré la hausse et la privation des denrées coloniales. C'est sous cette double influence que parut le décret de 1812, qui établissait des écoles de chimie et des fabriques impériales pour l'extraction du sucre de la betterave. Le gouvernement ordonnait la culture de 100,000 arpents de betteraves, lesquels, au rendement supposé de 375 kilogr., devaient produire la quantité de 57,500,000 kilog. de sucre, nécessaire à la consommation de la France. Des licences, au nombre de 500, étaient accordées à tous ceux qui possédaient des fabriques, ou avaient fait des dépenses en vue de la fabrication du sucre antérieurement au décret. Le sucre indigène était déclaré exempt de droit et imposition quelconques pendant quatre ans. Chaque fabrique devait fournir, de 1812 à 1813, au moins 10,000 kilog. de sucre.

Une foule de propriétaires se rendirent à cet appel du souverain; sur tous les points de la France on essaya la culture de la betterave, et on éleva des fabriques avec plus d'enthousiasme que de succès. Un des hommes qui ont le plus fait pour cette industrie, un agronome illustre, M. Mathieu de Dombasle, était du nombre et éprouva, comme la plupart des nouveaux fabricants, les plus sérieux mécomptes.

Ces mécomptes provenaient soit de perturbations atmosphériques inattendues, telles que pluies prolongées ou sécheresse, soit de mauvais procédés de culture, qui rendaient la dépense hors de proportion avec le rendement, soit enfin des vicissitudes politiques de la fin de l'empire. « Au moment où » je faisais donner à mes terres le premier labour » pour la culture de cette année, dit Mathieu de » Dombasle, nos armées entraient dans Moscou; » lorsque j'étais occupé à fabriquer le produit de » cette même récolte, ma manufacture servait » de quartier à un détachement de Cosaques. »

L'avilissement du prix du sucre, qui fut la suite des événements de 1814, fit tomber tous ces établissements naissants, et le sucre de betterave ne put, pour un instant, survivre aux circonstances extraordinaires qui l'avaient fait naître. Nos ports devinrent momentanément ouverts au commerce de toutes les nations maritimes; nos entrepôts, si longtemps vides, se remplirent de sucre colonial, lequel tomba à 14 ou 15 sous la livre. Un seul établissement, celui de M. Crespel-Delisse (1), continua de subsister.

(1) M. Crespel-Delisse est un des plus glorieux vétérans de cette industrie. On peut le citer pour sa rare persévérance et son esprit d'entreprise. Il ne travaille pas moins de 50 à 60 millions de kilog. de betteraves dans ses sept fabriques, auxquelles sont annexés une raffinerie centrale et un atelier de construction et de réparation. L'organisation industrielle et administrative de ces établissements est un modèle à suivre par tous ceux qui veulent concentrer les efforts de la sucrerie indigène et la rendre indépendante des spéculateurs et des grands raffineurs de Paris.

On ne songea plus au sucre indigène, dont l'origine
impériale, au surplus, n'était pas de nature à exciter
beaucoup de sympathies. Pour le relever, il fallut
l'excès de protection que les colonies obtinrent dès
la première année de la Restauration. En effet, une
ordonnance du 17 décembre 1814, en fixant les
droits sur les sucres d'origine française à 40 francs
les cent kilogrammes, imposait une surtaxe de
60 francs aux sucres étrangers. Sous cette législation, dont on ne peut blâmer l'excès de prudence,
nos colonies relevèrent leurs cultures, depuis si
longtemps abandonnées, et importèrent, en 1816,
plus de 17 millions de kilogrammes de sucre. Différentes modifications furent apportées depuis à
cette législation réparatrice, mais toujours dans
le même esprit de protection. Le sucre indigène
profita autant que le sucre de nos colonies des obstacles mis par le gouvernement de la Restauration
à l'introduction du sucre étranger, et commença
en 1822, à donner de nouveau signe de vie. En 1825,
près de cent sucreries, produisant ensemble environ
cinq millions de kilogrammes, fonctionnaient régu-
lièrement. Il y en avait dans les environs de Paris,
dans le Nord, dans l'Artois, dans la Touraine, dans
les environs de Nancy, et sur divers autres points
du territoire. La conquête du sucre de betterave
était faite; il était entré dans sa période manufacturière et passé désormais à l'état de fait accompli.

Le travail, comme la politique, doit avoir son histoire. Rien ne nous semble plus propre à fortifier la confiance qu'on peut avoir dans une industrie, que la connaissance exacte de ses procédés à diverses époques; nous ne pensons donc pas qu'il soit sans intérêt, avant d'aller plus loin, de jeter un coup d'œil rétrospectif sur la marche accomplie par la betterave, et de décrire brièvement les procédés de culture et de fabrication de la première période, c'est-à-dire du temps d'Achard. Les amis de la sucrerie indigène puiseront dans ces renseignements un nouvel espoir pour les améliorations à réaliser; ses adversaires, à défaut d'une justice plus complète, reconnaîtront ses efforts, et sauront qu'après avoir fait tant de chemin elle ne peut ni ne veut s'arrêter sur la route du progrès, route dont elle a en définitive franchi, avec une persévérance qui ne l'abandonnera pas, les plus difficiles étapes.

On ne pensait pas, du temps d'Achard, que la betterave, plante qui paraît originaire des bords de l'Europe méridionale (1), dût se cantonner dans nos départements du Nord. Son origine et sa constitution bisannuelle, puisqu'elle porte rarement

(1) Si nous en croyons Olivier de Serres, la betterave fut importée de l'Italie dans l'Europe du Nord vers la fin du quinzième siècle. C'est en Allemagne que cette culture prit d'abord les plus grandes proportions; c'est là aussi que le génie industriel et agricole moderne, encouragé par la sagesse des gouvernements, semble appelé à lui faire accomplir les plus grands progrès.

des graines l'année de son semis, indiquent clairement qu'elle peut réussir dans toute la France,
c'est-à-dire partout où la terre a assez de profondeur, et n'est ni trop compacte ni trop sablon-
neuse. L'industrie sucrière indigène eut tout
d'abord une tendance marquée à se répandre dans
tous nos départements, tendance qui, par suite de
certains avantages particuliers au Nord, ne tarda
pas à s'affaiblir, mais que dans des conditions
nouvelles elle peut retrouver aujourd'hui.

La betterave, n'ayant été cultivée jusqu'alors que
pour la nourriture des bestiaux, n'avait point été
examinée sous le rapport du sucre qu'elle peut
contenir. On ne tarda pas à remarquer que le mode
de culture employé pouvait avoir une influence
très-grande sur sa richesse saccharine. Certains
fumiers, tels que ceux de cochon et de mouton,
furent, sans trop d'examen d'ailleurs, rejetés
comme nuisibles. On remarqua qu'un champ trop
fumé donnait une grande quantité de racines, mais
que la proportion de sucre cristallisable était en
raison inverse de cet excès de fumure; remarque
faite depuis, mais à laquelle on ne doit pas attacher une importance exagérée, et d'où il ne faut
pas conclure, non plus, que l'intérêt du fabricant
et celui du cultivateur sont en opposition, la petite
diminution de rendement que l'on trouve dans
l'emploi de betteraves fortement fumées étant

compensée par le prix de revient, qui est naturellement fort inférieur. Des rendements en racines
qui descendraient au-dessous de 35 à 40,000 kilog.
à l'hectare, ne tarderaient pas à mettre la betterave
hors de la portée du fabricant, tant il est vrai que
tout se tient dans le domaine du travail, et que
les progrès de l'agriculture sont intimement liés à
ceux de l'industrie.

La betterave prit généralement la place de la
jachère et succéda à deux soles de céréales, dont
la première fumée. Toutefois, en commençant la
rotation par des betteraves sur une sole fumée, on
arrivait au même résultat et on évitait les inconvénients attachés à la production successive de deux
espèces de céréales, blé et avoine. On comprend
dès lors quels services immenses cette plante intercalaire rendait déjà à l'agriculture.

Le rendement obtenu en Silésie, après deux
céréales, était de 23 à 24,000 kilog. à l'hectare.
Une fabrique exploitant 500,000 kilog. de betteraves, était considérée comme assez grande;
22 hectares suffisaient à son exploitation; 4 à
500 hectares ne sont pas aujourd'hui une étendue
trop considérable pour alimenter une fabrique de
premier ordre, et 12 à 15 millions de kilog. de
racines, représentent à peu près le chiffre moyen
de l'exploitation.

La suppression de la jachère triennale, partout

où s'établissait une fabrique de sucre, était un fait
accompli. Cette industrie ne nuisait point aux
autres travaux de l'agriculture et procurait, au
contraire, un emploi lucratif aux ouvriers des
champs. La betterave n'étant cultivée que dans
l'année de jachère, le même champ n'en était pas
moins employé à la production des céréales, qui
profitaient de l'excédant de fumure, de l'ameu-
blissement et du nettoyage du sol, et fournissaient
un rendement remarquablement plus considérable.
En dehors de la précieuse denrée fournie par la
betterave, cette plante procurait aux animaux de
la ferme, par sa feuille, ses collets et ses résidus,
une quantité de nourriture qui permettait d'en
augmenter le nombre, et de produire par conséquent plus d'engrais, ce qui tournait au profit
de toutes les branches de la culture. On remarque
dans l'estimation du produit d'un hectare des
différences considérables, des chiffres qui varient
de 20 à 73,000 kilog. On comprend qu'en face
d'appréciations si variables, il soit difficile d'établir
le prix de revient de la betterave. Toutefois, en
prenant un rendement entre ces deux chiffres extrêmes, on arrive au prix de 12 fr. les 1,000 kilog.;
ce qui, en tenant compte de l'enchérissement du
loyer de la terre, des engrais et de la main-
d'œuvre, rentre dans nos conditions actuelles, et
établit que ce n'est pas précisément dans la culture

que les principaux progrès faits par l'industrie de
la betterave ont été accomplis.

Le lavage de la betterave ne s'opérait pas avec
tout le soin que commande cette opération, au
point de vue des résidus, qui doivent être exempts
de terre pour servir à la nourriture des bestiaux.
La râpe à sabots était inconnue ; la trituration des
racines se faisait sans addition d'eau et de la manière la plus lente et la plus imparfaite. On ne
râpait pas plus de 3,000 kilog. de betteraves en
vingt-quatre heures, tandis qu'on atteint aujour-
d'hui communément 80 à 100,000 kilog. On se
servait pour l'expression du jus de la presse à vis
ou à coins ; on commençait à parler de la presse
hydraulique, déjà employée pour l'expression des
graines oléifères. Le rendement en jus n'était que
de 60 0/0, d'une densité de 6 à 7 degrés à l'aréomètre, ce qui ne diffère pas de la moyenne d'aujourd'hui, et prouve que la richesse saccharine de
la betterave n'a point varié sensiblement depuis
un demi-siècle (1). Empruntant ses procédés à la
fabrication du sucre de canne, la nouvelle industrie de la betterave opérait la défécation à l'aide
de la chaux, mais en bien plus grande quantité.

---

(1) Cette observation est importante. On répète si souvent que la betterave
épuise les terrains et se dénature elle-même par son retour périodique dans le
même champ, qu'on ne saurait fournir trop de preuves pour dissiper cet absurde
préjugé.

Toutefois, quelques chimistes, et entre autres
M. Achard, conseillaient de préférence l'emploi
de l'acide sulfurique. La cuisson dans le vide
n'était pas connue, et M. Achard, pour combattre
l'action destructive du feu nu, prescrivait d'évaporer à la chaleur de l'eau bouillante. La cristallisation régulière, dans les étuves, était remplacée
par le grainage en masse ou cristallisation confuse,
dans des formes coniques, procédé emprunté aux
raffineurs. La purgation du sirop s'opérait au
moyen de l'argile délayée ou de feutre imbibé
d'eau, et au bout de huit à dix semaines on avait
un sucre brut, qu'après une dessiccation de vingt
à vingt-cinq jours, on livrait plus ou moins
impur au raffinage ; opérations qui s'exécutent
aujourd'hui en trois ou quatre jours. La mélasse
était convertie en eau-de-vie. La pulpe recevait
aussi cette destination, du moins en Allemagne.
A cet effet, on la mélangeait en sortant des presses
avec un peu plus du double de son poids d'eau,
on faisait bouillir pendant une heure, et on trans-
portait le résidu cuit sur la presse ; la partie liquide
était soumise à la fermentation, puis distillée ; le
marc épuisé était donné aux bestiaux. Les petites
eaux de la distillerie étaient converties en vinaigre.
M. Achard avait la prétention de faire avec cette
eau-de-vie du rhum, du cognac et du rack : nos
modernes frelateurs ont été, comme on le voit,

devancés d'un demi-siècle. En France, on reconnut que la meilleure manière d'utiliser le marc de betterave ou pulpe, était de le faire consommer directement par les bestiaux. Au surplus, le bas prix de l'alcool, qui à cette époque ne valait que 50 à 60 fr. l'hectolitre, eût rendu toute distillation directe ou indirecte des produits de la betterave tout-à-fait improductive. Le rendement en sucre était, nous l'avons déjà dit, de 2 1/2 0/0 ; celui de la mélasse de 5 0/0. Dans ces conditions, le prix de revient du sucre était d'environ 100 à 105 francs les 100 kilog. Un établissement pouvant râper 6,000 kilog. de betteraves par jour, et travaillant cinq mois, coûtait 20,000 fr. Tel était l'état de la fabrication de 1810 à 1812.

IV

Voyons maintenant ce qu'elle était dans la seconde période, c'est-à-dire de 1821 à 1825.

On commence à apporter plus de soins dans le choix de le betterave, et à reconnaître que toutes les variétés ne contiennent pas, à beaucoup près, la même quantité de sucre ; la betterave jaune et rouge est abandonnée pour la betterave blanche de Silésie. Cette plante entre décidément dans l'assolement comme récolte intercalaire, après ou avant des céréales, sur une sole fortement fumée.

Les engrais, dont on se défiait à l'origine et dont quelques-uns, tels que le fumier de mouton, étaient mis à l'écart, sont reconnus aussi utiles pour la betterave que pour toutes les autres cultures. Les engrais de fabrique, tels que noir animal, écumes, détritus de toute sorte, trouvent leur emploi. On sème généralement à la volée, mais on commence dans le Nord à se servir du semoir mécanique, ce qui hâte la levée, épargne la graine et facilite singulièrement les sarclages. On essaie la houe à cheval pour les premières façons. Le décolletage se fait à la bêche et en ligne; les feuilles restent sur le sol comme demi-fumure. Le rendement moyen d'un hectare paraît être de 25,000 kilogr., et le prix de revient de 16 francs les 1,000 kilog. La densité du jus est toujours entre six et sept degrés. Depuis 1812, un grand progrès se réalise, c'est l'application des propriétés décolorantes du noir animal à la fabrication du sucre indigène (1). On remarque l'introduction de la râpe cylindrique à pousseurs mécaniques, armée de lames de scie et mue par un manége, pouvant réduire en pulpe 3,500 kilog. de betterave par heure, et faisant trois cents révolutions à la minute, qui remplace la râpe

(1) Ce fut, dit M. Payen, qui lui-même a tant contribué à faire connaître les propriétés de ce curieux agent de la fabrication du sucre, un évènement considérable à une époque où la plupart des fabricants, découragés, cédaient le marché national au sucre exotique, devant lequel d'ailleurs les barrières du blocus continental s'étaient abaissées.

à bras, laquelle ne triturait que 7 à 800 kilog. de racines, avec une vitesse moitié moindre. Les fabricants, étonnés, voient pour la première fois des moteurs vivants, bœufs ou chevaux, dans leurs fabriques. L'emploi de la force du vent et des chutes d'eau était considéré comme un terme très-avancé du progrès et recommandé par les sociétés savantes de l'époque. Emploi de la presse hydraulique, dont la pression de 100,000 kilog. était exercée à bras d'hommes; rendement en jus, 70 0/0. Emploi des claies en osier, sacs à pulpe en toile. Défécation à la chaux, saturation de l'excès de chaux par l'acide sulfurique (1). Concentration à feu nu dans des batteries évaporatoires, jusqu'à 30 degrés. Clarification à l'aide du sang, du lait ou des œufs, et du noir animal en poudre, à raison de 4 0/0 du poids du sirop. Emploi de filtres empruntés à l'art du raffineur. Mélange des cuites dans un cristallisoir. Emploi des formes de 40 à 50 litres, dites bâtardes. Les autres opérations ne diffèrent pas de celles qui sont usitées dans les raffineries. Cuisson des mélasses à la fin de la campagne, lesquelles sont d'ici là, contenues dans de vastes citernes, comme dans les colonies (2).

(1) L'emploi du gaz acide carbonique pour saturer l'excédant de chaux contenu dans les jus était connu sous l'empire; mais il appartenait à M. Rousseau d'en faire un procédé véritablement manufacturier, dont les bons résultats ne peuvent être mis en doute, et qui peut, à une certaine époque de la fabrication et dans certaines localités, rendre les plus grands services.

(2) Limandes.

On commence à songer qu'il n'est point impossible de travailler 2 millions de kilog. de betteraves dans un seul établissement. Les frais d'installation sont évalués à 50,000 fr. Les produits de la betterave étaient dans les proportions suivantes : jus, 70 0/0, pulpe, 30 0/0, sucre, 3 à 4 0/0, valant 120 fr.; mélasse, 5 0/0, évaluée 10 fr. les 100 kilog. Le prix de revient était de 80 à 90 c. le kilog. (Charge de 60 c. de droits, au kilog.) Le prix de revient du sucre des colonies françaises était évalué à 60 c. le kilog. A cette époque, M. Crespel-Delisse disait retirer 5 0/0 de sucre, 4,8 0/0 de mélasse, et accusait un prix de revient de 62 c. seulement le kilog.

Cette prospérité croissante de la nouvelle industrie, les bénéfices assez considérables que les fabricants de sucres indigènes se vantaient de réaliser, appelèrent l'attention du gouvernement, et, lors de l'enquête qui eut lieu en 1828, ceux-ci furent avertis que bientôt leurs produits seraient soumis à une taxe. Ce projet d'impôt, abandonné par suite des évènements politiques de 1830, ne fut repris qu'en 1836. A cette époque, l'abaissement de la surtaxe sur les sucres étrangers était vivement réclamé par les ports de mer; mais les colons combattaient ce projet comme funeste à leurs intérêts, et servaient par cela même ceux de la sucrerie indigène, qui ne cessa de se développer. Il est curieux de suivre les progrès de sa production depuis 1829 jusqu'à l'époque où le fisc commence à intervenir dans ses opérations; on en jugera par le tableau suivant :

Années.	Kilogrammes.
1829	4,380,000
1830	5,500,000
1831	7,000,000
1832	9,000,000
1833	12,000,000
1834	20,000,000
1835	30,000,000
1836	40,000,000

Devant une telle production, on comprend que le système économique et financier devait éprouver de graves perturbations, et que, tout en désirant conserver à la France cette belle industrie, le gouvernement ne voulût pas laisser plus longtemps le fisc perdre ses droits. Ici nous entrons dans la période économique de la question des sucres. Ce n'est plus contre des difficultés de fabrication que le sucre de betterave doit lutter, bien qu'il ait encore beaucoup de progrès à réaliser; c'est contre des intérêts particuliers plus ou moins légitimes, dont les agressions ne sont pas toujours justes. Mais, plein de confiance dans son passé, le sucre indigène accepte la lutte. Il pouvait en effet s'enorgueillir des progrès accomplis dans une si courte période.

En 1795, la découverte du sucre de betterave par Margraff n'était connue que de quelques savants. En 1799, le rapport de la commission de l'Institut, bien que favorable, ne put développer cette industrie; le prix de revient, établi à 1 fr. 80, s'opposait à toute tentative sérieuse d'extraction. Les expériences faites par M. Deyeux, qui parvint à retirer 2 0/0 de sucre de la betterave, annonçaient un progrès; ce rendement, à l'époque du blocus continental, s'éleva à 2 1/2; le prix de revient descendit à 98 c. le kilog. De 1822 à 1830 les fabriques se multiplient, s'agrandissent et commencent à opérer sur des millions de kilog. Le prix de revient est abaissé presque au prix des colonies, 60 à 70 c. Le rendement s'élève à près de 5 0/0. De 1830 à 1836, les progrès vont toujours croissant, le matériel se perfectionne, l'application de la vapeur décuple les moyens de production. En 1836 la situation de la sucrerie indigène nous fournit les données suivantes.

V

La fabrication du sucre de betterave s'était répandue dans trente-sept départements. Quatre cent trente-six fabriques, dont un certain nombre dans la région du centre, étaient en pleine activité. Des perfectionnements notables avaient été apportés dans la production de la matière première.

Grâce à l'alliance féconde de cette industrie avec l'agriculture, la jachère avait disparu partout où des établissements s'étaient fondés. L'étendue en blé, dans le Nord, qui en 1815 n'était que de 94,000 hectares, était alors de 115,000. Une augmentation proportionnelle se remarquait dans l'étendue en orge et en pommes de terre. La culture du colza se déplaçait. Les résidus de betterave fournissaient une nourriture abondante et appréciée, et revenaient au sol sous forme de fumier. La fabrication marchait plus rapidement encore vers le progrès. On savait conserver la betterave et la réserver par l'ensilage pour l'approvisionnement des fabriques, montées alors sur une plus grande échelle, et travaillant sans interruption de jour et de nuit. L'évaporation et la cuisson se faisaient à la vapeur; on commençait à connaître les appareils dans le vide. Les filtres à noir en grain étaient employés dans toutes les fabriques. On retirait, avec du jus de betterave à sept degrés, cinq à six pour cent de sucre. Deux ans après, ces progrès si remarquables furent entravés par des mesures financières et économiques, qui donnèrent lieu à des discussions approfondies, lesquelles forment une époque mémorable dans l'histoire de cette industrie.

La fabrication du sucre de betterave, nous l'avons dit, était sortie de sa période d'enfance;

40 millions de kilog. de sucre mis par elle dans le commerce, annonçaient aux colonies une concurrence sérieuse dont elles commençaient à s'inquiéter. En 1856, la mise en circulation de sucres de nos colonies fut de 66 millions de kilog.; en déduisant 11 millions, qui furent réexportés après raffinage, il reste 55 millions pour la consommation. Il ne s'en manquait donc que de 15 millions de kilog., pour que la consommation du sucre indigène égalât la consommation du sucre exotique. Au train dont marchait la fabrication, une année ou deux suffisaient pour lui faire franchir ce pas. Les intérêts coloniaux et maritimes se crurent sérieusement menacés par cette extension si imprévue de l'industrie métropolitaine; ils revinrent en conséquence sur la tentative d'impôt déjà faite à plusieurs reprises, notamment en 1856, et firent enfin adopter par les chambres, le 18 juillet 1857, un droit de fabrication de 15 francs par 100 kilog., lequel devait être mis en pratique le 1er juillet 1838 pour les deux tiers de l'impôt, et pour la totalité à partir du 1er juillet 1839. La perception de cet impôt devait s'effectuer par la voie de l'exercice au lieu même de la production.

Cette loi était déplorable, en ce sens qu'elle avait pour but avoué, dans la discussion à laquelle elle donna lieu, de réduire la fabrication du sucre

indigène et de renfermer cette industrie dans des
limites qui assurassent un débouché avantageux à
l'industrie coloniale. Que le sucre produit à l'intérieur dût payer son tribut au Trésor, comme celui
produit à l'extérieur, cela ne pouvait être douteux, et il était bien difficile, à moins d'être
complètement aveuglé par ses intérêts privés, de
soutenir une thèse économique opposée et de ne
pas admettre le principe de l'impôt. Le sucre
indigène était évidemment une matière imposable,
comme le sel, le tabac et une foule d'autres objets
de consommation, qu'ils soient ou non classés dans
les denrées de luxe ou de nécessité usuelle. On ne
pouvait différer que sur la quotité de l'impôt ou
sur l'opportunité de son application. On ne comprend guère aujourd'hui l'opposition injuste qui
lui fut faite et les mauvaises raisons que des
hommes non sans valeur employèrent pour le
combattre. L'affranchissement de tout droit de
régie, dont jouissait depuis l'origine le sucre indigène, n'était plus nécessaire et ne pouvait plus
se continuer qu'aux dépens du trésor public : il
constituait assurément un privilège que rien ne
pouvait justifier ni compenser d'une manière
suffisante. Le principe de la taxation était juste,
mais son application fut trop prompte ; il ne fut
pas donné aux fabricants un temps assez long pour
se préparer à la lutte et se mettre en mesure de

soutenir, dans les conditions nouvelles qui leur
étaient faites, la concurrence avec les colonies;
aussi l'année qui suivit celle de l'application de
l'impôt, 166 fabriques avaient succombé, et la
production, qui s'était élevée en 1857 et 1858 à 49
millions de kilog., se réduisit de 10 millions, pour
tomber en 1840 à 22 millions. La fabrication du
sucre avait disparu de 17 départements. L'intérêt
colonial, qui voulait la ruine de la sucrerie
indigène, pouvait avoir lieu d'être satisfait!

Malgré l'exécution inopportune de mesures
législatives dans lesquelles les ennemis de la
sucrerie indigène voyaient sa ruine certaine, cette
industrie ne périt pas, et la question de rivalité
entre les deux sucres devint dès lors nettement
posée. Le sucre exotique avait trouvé un concurrent sérieux, qui allait se partager avec lui la
consommation de la métropole. Il est donc nécessaire de jeter un coup d'œil sur la législation qui
le régissait depuis la reprise de nos relations
coloniales, si longtemps interrompues par suite
des guerres de l'empire.

Nous avons déjà dit qu'une ordonnance du 23
avril 1814 soumettait les sucres coloniaux et les
sucres étrangers au droit uniforme de 40 fr. par
100 kilogr. A partir du 17 décembre suivant, nos
colonies furent protégées par une surtaxe de 20 fr.
sur les sucres étrangers. Sous cette législation répa-

ratrice, la production coloniale s'accrut et fournit en 1816 plus de 17 millions de kilogr. Le sucre étranger entra dans la consommation pour 7 millions de kilogr. L'exportation fut nulle.

La loi du 28 avril 1816 porta le droit sur les sucres de nos colonies de 40 à 45 fr. Les droits sur les sucres étrangers furent modifiés comme suit :

Sucres bruts par navires français de l'Inde, 60 fr. par 100 k.

D°   d°   d'ailleurs, 70

D°   d°   des entrepôts, 75

D° par navires étrangers....... 80

Ces mesures avaient évidemment pour but de favoriser notre navigation et de renouer nos anciennes relations avec l'Inde. A la faveur de ce tarif, nos colonies acquittèrent en 1818 31 millions de kilogr. de sucre. L'importation de sucre étranger se réduisit à 5 millions. L'exportation des raffinés fut insignifiante.

La loi du 21 avril 1818 établit des droits différentiels sur les sucres français, gradués en raison de l'éloignement des points de production. Ainsi, au lieu de 45 fr., les sucres de la Réunion ne payèrent plus que 40 fr. La loi du 7 juin 1820 modifia de nouveau ces droits et les réduisit à 37, 50. En même temps, elle augmenta de 5 fr. le droit des sucres étrangers d'Amérique, qui fut ainsi porté à 75 fr. Il y eut donc une différence de 30 fr.

en faveur du sucre de nos colonies d'Amérique, et
de 37,50 en faveur du sucre de nos colonies de
l'Inde. De 1818 à 1820, voici le mouvement d'importation de nos colonies à sucre :

1818	—	29,800,000 kilogrammes.
1819	—	34,500,000
1820	—	40,700,000
1821	—	45,000,000
1822	—	52,000,000

Ainsi qu'on le voit, la production coloniale
prenait un rapide essor; aussi les prix tombèrent de
186 francs à 167 les 100 kilogrammes. Les colons,
peu satisfaits de ce prix, qui alors n'était pas rémunérateur, se plaignirent et obtinrent une nouvelle
augmentation de la surtaxe sur les sucres étrangers.

La loi du 27 juillet 1822 porta le droit sur les
sucres étrangers d'Amérique à 95 francs : nos colonies étaient protégées par une surtaxe de 50 francs !
Sous l'influence de cette protection réellement
outrée, le sucre brut se releva à 212 francs,
prix exorbitant, qui restreignit la consommation et réagit immédiatement sur la production
coloniale, laquelle ne présente en 1823 que
58,500,000 kilog. de sucres acquittés. L'importation des sucres étrangers fut de 5 millions,
entièrement réexportés. Inutile de faire remarquer que cet excès de protection dont jouirent

nos colonies, fut favorable à la sucrerie indigène, laquelle croissait dans une sorte d'oubli et augmentait rapidement ses moyens de production.

Nous ajouterons que les colons, déjà comblés de faveurs par un gouvernement qui semblait dans sa conduite commerciale vouloir effacer les taches de son origine, demandèrent en outre l'augmentation de la prime de sortie attribuée aux raffinés. Secondés par les raffineurs de la métropole, ils obtinrent cette mesure, qui complétait un système si largement protecteur, et peut-être nécessaire, dans les idées de l'époque, pour guérir les blessures que vingt années d'abandon avaient faites à nos colonies.

La loi du 7 juin 1820 avait porté la prime de 90 à 100 francs. L'exportation prit de fortes proportions et s'éleva de 500,000 kilog. à près de 4 millions. Le système des primes fut attaqué et remplacé par le drawback. La loi du 17 juillet 1822 décida qu'à l'exportation des sucres raffinés on restituerait seulement les droits d'entrée sur les sucres importés par navires français, en prenant pour base le rendement obtenu par les raffineurs. Ce système, qui, dans la pratique, donnait lieu, comme de nos jours, à l'abus d'un commerce d'agiotage sur les quittances de douane, fut vivement attaqué; on revint à la prime, laquelle fut rétablie sur la base de 100 francs pour 100 kilog.

de sucre raffiné, en pains de 7 kilog. Sous ce régime, les primes payées par le Trésor s'élevèrent de 4 millions 600,000 francs à 19 millions. On reconnut qu'il y avait abus, et que des intérêts fort habiles profitaient seuls de cet encouragement, qui avait pour but de favoriser seulement le pavillon. La loi du 26 avril 1833 ramena le système du drawback, et modifia en même temps la surtaxe des sucres étrangers, laquelle fut abaissée de 5 francs pour ceux de l'Inde, et de 10 francs pour ceux des autres provenances.

Aucune autre modification ne fut apportée à la législation des sucres coloniaux jusqu'au moment où le principe de l'impôt sur le sucre indigène fut adopté par les chambres. Bornons-nous à faire remarquer que la production du sucre exotique fit des progrès constants, et qu'après avoir ateint de 1824 à 1829 une moyenne d'environ 70 millions de kilogrammes, elle s'éleva de 1829 à 1858 à près de 80 millions.

VI

L'application de 15 fr. d'impôt et le dixième, soit 16,50, faite sur le sucre indigène à partir du 1er juillet 1839, n'augmenta l'importation coloniale que de 5 millions de kilogr., et ne fit point monter le cours des sucres exotiques, qui au contraire continuèrent de baisser et descendirent à 110 fr. la bonne quatrième. Nos colonies étaient encombrées, et la demande pour la métropole ne présentait pas une activité suffisante pour faire cesser cette pléthore, qui n'existait point dans les plantations étrangères, où différentes causes, telles que l'émancipation des nègres dans les Indes occidentales et une mauvaise récolte à la Louisiane, avaient élevé très-notablement le cours des sucres. Les gouverneurs de la Martinique et de la Guadeloupe, effrayés d'une crise pour laquelle la législation coloniale ne possédait pas de remède, prirent sur eux de permettre exceptionnellement l'exportation des sucres de ces colonies, par tout navire et à toute destination. Les plaintes de nos colonies étaient si fortes, que le gouvernement, enchérissant sur la conduite de ses agents et agissant d'urgence, rendit, à la date du 21 août 1839, une ordonnance qui dégrevait de 12 fr. le droit du sucre colonial. C'était par le fait un impôt de 29 fr. dont venait d'être frappé dans l'espace d'une année le sucre indigène. Cette modification capitale, faite à la législation des sucres, sans la participation des chambres, nécessitait l'élaboration d'un nouveau projet de loi, lequel fut présenté par le gouvernement le 25 janvier 1840.

Le principe de l'égalité des droits sur les deux sucres et son application immédiate étaient admis. L'ancienne taxe de 45 fr. était rétablie. Les fabricants de sucre indigène qui croiraient devoir former leurs établissements seraient indemnisés. Telles étaient les dispositions principales du projet de loi, que le changement de ministère survenu alors fît abandonner, et que ni le nouveau cabinet ni la commission de la chambre ne voulurent adopter dans son ensemble. La loi du 5 juillet 1840 fixa définitivement le droit sur le sucre colonial à 45 fr., et porta de 15 à 25 fr. celui sur le sucre indigène.

Malgré l'augmentation de l'impôt, la production du sucre de betterave reprit sa marche ascensionnelle et se releva de 22 millions en 1840, à 26 millions en 1841, à 30 millions en 1842. Nos colonies, qui produisirent la même année 89 millions de kilogrammes, recommencèrent leurs plaintes, et le gouvernement crut devoir chercher une solution à cette interminable question des sucres dans la suppression de la sucrerie indigène, dont l'interdiction, après rachat, fut proposée le 10 janvier 1843.

La proposition du rachat fut rejetée par la commission chargée de l'examen du projet de loi du gouvernement. Supprimer son adversaire pour éviter la discussion, parut un expédient peu parlementaire. Diverses combinaisons, qui avaient pour but de limiter la production indigène, furent proposées à la place du projet si radical du minis-

tère, mais ne furent point adoptées par la ma-
jorité. Toutefois, le principe de l'égalité d'impôt
sur les deux sucres fut reconnu et sanctionné par
la loi du 2 juillet 1843.

Pour donner à la sucrerie indigène le temps de
se préparer à la lutte, on gradua l'augmentation
de l'impôt, en l'élevant de 5 francs tous les ans
jusqu'à la péréquation, qui devait avoir lieu le
1er août 1847. Ainsi, depuis cette époque, le sucre
de betterave supporte un droit égal au sucre de
nos colonies; nous ne parlons pas, bien entendu,
de l'augmentation temporaire qu'il a subie depuis.

La surtaxe sur les sucres étrangers, qui en 1840
avait été réduite de 20 francs, resta la même;
mais des modifications furent apportées dans la
classification des sucres. Il y eut deux types. Le
droit sur les sucres du premier type et de nuances
inférieures fut, pour les Antilles, de 45 francs
pour les 100 kilog., et de 38,50 pour la Réunion.
Il s'augmentait de 1/10 pour les sucres de deuxième
type, et de 2/10 pour ceux d'une nuance supérieure. Pour les sucres étrangers, il n'y eut pas
de types, mais deux classes : sucre brut autre que
blanc, avec des droits variables de 60 à 85 fr.
selon les provenances et le pavillon; sucre brut
blanc ou terré de toutes nuances, avec des droits
de 80 à 105 francs.

La question des sucres était enfin résolue au

point de vue du droit absolu; on ne pouvait plus
reprocher à la fabrication indigène d'être favorisée
par une législation protectrice : supportant les
mêmes charges dans un temps peu éloigné, il ne
lui restait plus qu'à soutenir la lutte et à rester
fidèle à ses antécédents de progrès. Les faits ne
tardèrent pas à prouver la vitalité de cette industrie, dont l'énergie semblait augmenter à mesure
que le fisc la frappait davantage, ainsi qu'on en
peut juger par le tableau ci-après, embrassant les
cinq années de l'augmentation des droits :

PRODUCTION.

Sucre indigène.	Sucre des colonies.
1843..... 28,000,445 k.	83,445,000 k.
1844..... 30,000,445	89,000,000
1845..... 37,019,000	102,385,000
1846..... 49,115,000	78,000,000
1847..... 60,169,000	99,000,000

Les efforts des colonies et de nos ports de mer
pour anéantir cette industrie, si vivace et si réellement nationale, avaient été inutiles. Elle continuait de développer ses ressources, d'augmenter
sa production, sinon le nombre de ses usines, et
de pousser dans le sol de telles racines, que rien
plus désormais ne pouvait l'en détacher. La question des sucres fut encore l'objet de très-vifs
débats économiques et de polémiques ardentes

dans la presse du Nord et des ports de mer, dont les entrepôts étaient encombrés par la surabondance de la production coloniale, mais ne fut l'objet d'aucune mesure législative jusqu'en 1851.

Toutefois, la loi du 31 mai 1846, relative à la perception de l'impôt sur les sucres indigènes, montra que les rancunes qui poursuivaient la betterave n'étaient point éteintes, et que la continuation de ses succès amènerait de nouvelles luttes. Voici l'analyse de cette loi, qui établit encore dans ses parties essentielles les rapports des fabricants avec la régie des contributions indirectes, et sur laquelle toute réflexion serait superflue.

Tout fabricant est tenu de se munir d'une licence avant de commencer ses travaux. Les opérations de la fabrication sont consignées par ses soins sur un registre. L'usine est ouverte aux perquisitions des employés de la régie. Il est ouvert par les employés un compte de fabrication. Les charges sont calculées à raison de 1,400 grammes de sucre au premier type pour cent litres de jus et par chaque degré du densimètre, au-dessus de la densité de l'eau, reconnu avant la défécation, à la température de quinze degrés. Il est fait, avant la reprise et après la cessation des travaux de chaque campagne, un inventaire général des produits de la fabrication. Les quantités de sucre excédant le compte du fabricant sont ajoutées aux charges;

le droit est dû sur les quantités manquantes. Il ne peut être introduit de sucres indigènes ou exotiques, de sucres imparfaits, sirops ou mélasses, dans les fabriques. Néanmoins, le fabricant raffineur peut recevoir des sucres indigènes ou exotiques achevés et libérés d'impôt, quand-sa fabrication de l'année est terminée et après l'enlèvement de tous les sucres et de tous les produits existant dans la fabrique. La fabrication de l'année suivante ne peut être reprise qu'après l'enlèvement de tous les produits de la raffinerie (1).

La révolution de 1848 amena de nouvelles modifications dans la législation des sucres, modifications motivées par la diminution considérable de la production coloniale qui fut la suite de l'abolition de l'esclavage. Voici la production comparée des deux industries de 1848 à 1850.

(1) En Allemagne, l'impôt des sucres est établi sur les quantités premières que renferme la betterave; en Belgique, il frappe sur les jus, dont le volume et la densité sont reconnus à la défécation; en Russie, les presses seulement sont imposées. Les fabricants français ne peuvent s'empêcher d'envier le mode d'exercice si simple de ces contrées, où l'industrie sucrière n'est point soumise, comme dans notre pays, aux tracasseries des employés de la régie et aux prescriptions d'un règlement dont les dispositions sont loin d'être marquées au coin des idées libérales de notre époque, et qui rappellent un peu trop les aides et gabelles de l'ancien régime. Le mode de prise en charge, notamment, appelle des réformes dont l'administration des contributions indirectes ne peut méconnaître l'urgence. Le résultat final de la campagne actuelle, qui constituera la plupart des fabricants *en manquants*, doit hâter l'application du remède que nous sollicitons.

Sucre indigène.	Sucre des colonies.
1848..... 56,000,000 k.	62,771,600 k.
1849..... 44,000,000	57,127,800
1850..... 64,000,000	46,554,700

La question des sucres fut de nouveau portée à l'ordre du jour, et devint l'objet de vifs débats, dans lesquels la passion l'emporta presque toujours sur la raison, ainsi qu'on en peut juger par l'exposé ci-après des dispositions principales de la loi des 19 mars, 22 mai et 13 juin 1851, véritable monument d'incohérence.

L'ancienne classification des sucres par types ou par nuances était supprimée. Les matières sucrées étaient imposées en raison de la quantité de sucre cristallisable qu'elles renfermaient. Cette appréciation était faite au moyen du saccharimètre, instrument fort ingénieux, basé sur le principe de la polarisation de la lumière, mais dont l'emploi réclamait un œil exercé et des connaissances chimiques qu'on ne pouvait guère se flatter de rencontrer dans le corps des employés de la régie. La richesse absolue étant de 99 0/0, était fixée à 98, et décroissait successivement de deux centièmes. Les droits à acquitter décroissaient dans la même progression.

Les raffineries étaient soumises à l'exercice. Les sucres et sirops de toute origine y étaient introduits

sous la garantie d'acquits-à-caution. Les comptes
des raffineurs étaient chargés des quantités de sucre
imposables énoncées dans les acquits-à-caution,
d'après les bases déterminées ci-dessus. Les excédants étaient pris en charge. Les raffineurs étaient
assujettis à la licence, comme les fabricants de
sucre indigène. En vertu de l'art 6, les sucres,
sirops, mélasses de toute origine pouvaient être
introduits à toute époque de la fabrication dans les
raffineries annexées ou autres.

Cet article, si important au point de vue des
intérêts de la fabrication du sucre indigène, fit
élever dans le Nord un certain nombre de fabriques-raffineries très-considérables, qui se pro-
posaient de profiter du bénéfice de la loi pour
introduire des sucres de toute provenance dans leur
fabrication, et se livrer ainsi à des opérations de
raffinage non interrompues, dont le succès ne
pouvait être douteux. Cet avantage devait bientôt
leur être retiré, mettre à néant leurs espérances
et rendre improductives les dépenses d'installation
qu'elles avaient faites dans ce but.

Les droits à acquitter étaient fixés à 50 francs
par 100 kilog. de sucre pur indigène. Le sucre
colonial devait acquitter pendant quatre ans, à
partir de la promulgation de la loi, 6 fr. de moins
par 100 kilog. que le sucre indigène. Le sucre
étranger acquittait 11 fr. de plus par 100 kilog.

que le sucre indigène. Les sucres des colonies françaises au-delà du cap de Bonne-Espérance acquittaient 3 fr. de moins que ceux des colonies françaises de l'Amérique. La surtaxe des sucres importés
d'entrepôts étrangers était fixée à 10 fr. Les sucres
étrangers importés en France par navires étrangers
acquittaient 15 fr. par 100 kilog. de plus que les
sucres étrangers importés des pays hors d'Europe
par navires français.

L'exportation du sucre raffiné provenant de
sucres coloniaux donnait lieu, indépendamment du
drawback, à une prime de 6 fr. 50 par 100 kilog.
de sucre raffiné.

Des règlements d'administration publique devaient
déterminer les conditions de l'exercice dans les
raffineries annexées à des fabriques, dans les raffineries isolées et dans les fabriques de sucre. Les
dispositions de la loi ne devaient avoir leur effet
qu'à dater du 1er janvier 1852. Jusqu'à cette
époque, le droit établi ainsi qu'il suit :

Sucre de nuance supérieure { Indigène 47 fr. 50.
au premier type,   { Etranger 58   »

Sucres de nuances égales au plus au premier
type actuel, mêmes droits, réduits de 3 fr. par
100 kilog.

Un sous-type, correspondant à la qualité dite
bonne quatrième, devait être établi et acquitter
3 fr. de moins.

Le sucre colonial acquittait 5 fr. de moins que le sucre indigène.

L'impôt sur les sucres raffinés dans les fabriques de sucre indigène et dans les colonies, acquittait 10 0/0 en sus du droit applicable au sucre du type le plus élevé, soit 57 fr. 47 par 100 kilog.

Sous cette législation, les sucres de nos colonies reprirent leur marche ascendante. L'importation de 1851 s'éleva à 56 millions de kilog. Le sucre indigène produisit à son tour 75 millions. L'importation des sucres étrangers atteignit, comme en 1850, le chiffre de 23 millions, dont une partie seulement fut réexportée.

Le 27 mars 1852, par un décret du président de la république, le tarif des sucres fut de nouveau modifié comme suit :

Sucre indigène, au type, 45 fr. les 100 kilog.

— étranger, — 57 —

Sucre au-dessus du type actuel, mêmes droits augmentés de 3 fr.

Sucre colonial, 7 fr. de moins par 100 kilog. pendant qutre ans.

La détermination du rendement par le saccharimètre était abandonnée. L'article 6 de la loi du 13 juin 1851, qui permettait aux fabricants raffineurs d'introduire à toute époque des sucres de toute origine, était abrogé, ainsi que toutes les dispositions de cette loi non maintenues par le

présent décret. Etaient exercées seulement les
raffineries situées dans le rayon déterminé par
l'article 15 de la loi du 31 mai 1846, c'est-à-dire
dans l'arrondissement.

Ce décret inattendu porta un coup terrible à la
sucrerie indigène, dont les charges s'aggravaient
tous les jours. La production s'abaissa à 68
millions de kilog., tandis que sa rivale des colonies, de plus en plus protégée et parfaitement
rétablie de la secousse de 1848, introduisait dans
la métropole 71 millions de kilog. de produits nés
du travail libre; 15 millions de plus qu'en 1851.
Pour aggraver cette situation périlleuse, 34 millions de sucres étrangers, dont 14 seulement
furent réexportés à l'état de raffinés, entrèrent
dans nos ports. C'était donc un total de 159 millions mis à la disposition de la consommation,
qui alors ne put les absorber. Dans le cours de la
campagne, il y eut presque constamment 15
millions de sucre indigène en entrepôt; il en restait
10 millions au 30 juin. La bonne quatrième tomba
à 120 francs, les raffinés, à 140. Le gouvernement
perdit une occasion rare de venir au secours de
l'industrie sucrière et d'entrer dans le cœur de la
question des sucres en diminuant les droits. Cette
mesure, d'une popularité non douteuse, eût continué de faire vivre les vingt fabriques qui succom-
bèrent cette année dans le Nord. Toutes éprouvaient

des pertes plus ou moins considérables. La situation
de la sucrerie indigène se trouvait encore aggravée
par la mauvaise qualité de la betterave depuis deux
années. Le rendement était évalué à un cinquième
au-dessous de la moyenne. Il se produisit des
manquants considérables, dont le gouvernement
fit la remise, mais qui prouvèrent le vice du mode
de prise en charge et les tracasseries dont les
fabricants peuvent être l'objet pour des faits se
produisant tout à fait en dehors de leur contrôle
et de leur volonté.

Des règlements d'administration publique, sous
la date du 1er septembre de la même année,
complétèrent le décret du 27 mai 1852 et rendirent
la position des fabricants de sucre indigène de
plus en plus difficile. On se demande ce que
diraient les raffineurs libres et les planteurs de
nos colonies, instigateurs de ces règlements, si
jamais ils leur étaient appliqués dans toute leur
rigueur. L'article 1er obligeait les fabricants à
fournir aux employés un logement convenable
dans l'intérieur de la fabrique ou dans les bâtiments attenants. Cet article souleva les réclama-
tions les plus vives et les plus motivées et ne
tarda pas à être abrogé. Le reste du réglement fut
maintenu dans toute sa rigueur. Comme il est bon
qu'on sache quelle est la position morale de
l'industrie indigène vis-à-vis de l'administration

des contributions indirectes, avec laquelle elle a tant de rapports, nous croyons devoir en reproduire les dispositions principales.

Les fabriques seront soumises à la surveillance permanente du service des douanes et des contributions indirectes. Le fabricant disposera dans l'intérieur de la fabrique, pour servir de bureau aux employés, un local convenable, de douze mètres carrés au moins, garni de chaises, de tables et d'un poêle ou d'une cheminée. Le loyer de ce bureau, fixé de gré à gré, est payé par l'administration des contributions indirectes. Les jours et fenêtres du magasin affecté au dépôt des sucres achevés, seront garnis d'un treillis en fer dont les mailles auront cinq centimètres d'ouverture au plus. L'administration pourra exiger que tous les jours et fenêtres de la fabrique et des bâtiments attenants soient également garnis d'un treillis; qu'il n'existe nulle communication intérieure entre la fabrique et la maison d'habitation; que la fabrique et ses dépendances n'aient qu'une entrée habituellement ouverte, et que les autres portes soient fermées à deux serrures. La clef de l'une de ces serrures sera remise aux employés, et les portes ne pourront être ouvertes qu'en leur présence. Le fabricant devra, lorsqu'il en sera requis, satisfaire à ces prescriptions dans le délai d'un mois. A défaut, les sucres fabriqués après

7

l'expiration de ce délai seront considérés comme
produits en fraude et donneront lieu à l'application des peines prononcées par l'art. 26 de la
loi du 31 mai 1846. Les fabriques qui seront
établies à l'avenir devront être séparées de tout
autre bâtiment. Tous les jours et fenêtres devront
être garnis d'un treillis en fer, et il ne pourra y
avoir qu'une porte principale habituellement
ouverte, le tout conformément à ce qui est prescrit
ci-dessus.

Les contenances des vaisseaux déclarés seront
vérifiées par le jaugeage métrique. Le fabricant
fera apposer sur chacun des vaisseaux un numéro
d'ordre et l'indication de la contenance en litres.
Les numéros des vaisseaux et l'indication des
contenances seront peints à l'huile, en caractères
ayant au moins cinq centimètres de hauteur. Le
fabricant tiendra un registre, qui servira à
constater toutes les défécations, et y inscrira
l'instant où le jus commencera à couler dans la
chaudière, la date et l'heure du commencement
de l'opération et la fin de la défécation. Un second
registre servira à inscrire les résultats de la cuite
et de la mise en forme des sirops, savoir, l'heure
de l'empli, le nombre de formes ou de cristallisoirs. Les employés prendront en compte le
volume des sirops versés dans les formes ou
cristallisoirs, et les marqueront par une étiquette

générale. Le fabricant ne pourra les déplacer qu'avec l'autorisation du service. Il sera fait une déclaration de lochage pour toutes les opérations de la journée. Les lochages ne devront avoir lieu que de jour. Les matières devant passer à la turbine seront declarées par journées. Le sucre obtenu ne pourra être enlevé qu'après vérification et prise en charge de son poids par le service.

Dans les fabriques où l'on raffine, le nombre et le poids des pains mis à l'étuve sera déclaré par le fabricant et vérifié par le service. La sortie de l'étuve devra aussi être préalablement déclarée. Le service constatera et prendra en charge le nombre et le poids des pains retirés de l'étuve. Les magasins à sucre n'auront qu'une porte fermée à deux serrures. Les employés garderont une des deux clefs, et les magasins ne pourront être ouverts qu'en leur présence. Les refontes seront déclarées par journées et seront faites en présence des employés.

Pour la balance du compte général de fabrication, les sucres achevés seront ramenés au premier type, en ajoutant :

1° Aux quantités de nuance supérieure au premier type, $6^k,667$ 0/0;

2° Aux quantités de sucre raffiné, $17^k,333$ 0/0.

Le droit sur le sucre raffiné, dans les fabriques-raffineries, sera dès lors établi en ajoutant

17,333 0/0 à chaque cent kilog. de sucre raffiné, et en multipliant par le droit afférent au type, plus le dixième.

Par dérogation à l'art. 10 de la loi du 31 mai 1846, les fabricants pourront, à partir du jour où l'inventaire des défécations aura eu lieu, recevoir des sucres achevés de toute origine, libérés de l'impôt; mais l'obligation d'enlever les bas produits de la fabrique après le payement des droits, ou de les mettre sous scellé après l'inventaire, rend cette autorisation tout à fait illusoire : il n'est pas de fabricant-raffineur qui voulût entreprendre deux liquidations de son travail dans un si court délai, l'un après le râpage, l'autre avant la reprise des travaux de la campagne suivante.

VII

Tel est, dans ses dispositions principales, le règlement du 1er septembre 1852, qui détermine les conditions de l'exercice dans les fabriques de sucre indigène. Nous devons en parler avec le respect que l'on doit aux lois de son pays; mais nous ne pouvons cependant nous empêcher de déclarer qu'il est bien rigoureux et tracassier, et que de telles prescriptions, intervenant à notre époque dans le libre domaine du travail, seront

regardées par une génération, peut-être peu éloi-
gnée, avec l'étonnement que nous manifestons à
la lecture des règles claustrales des anciens ordres
monastiques. Nous n'avons point, en France, la
réputation d'avoir pour les lois fondamentales de
notre pays ce respect traditionnel que l'on admire
si justement chez les Anglais; mais nous sup-
portons avec une résignation rare des tracasseries
administratives qui mettraient un Anglo-Saxon
hors de lui : si on. tentait d'appliquer en Angleterre ou aux Etats-Unis (1) un règlement aussi
prodigieusement formaliste que celui que nous
venons d'analyser, il soulèverait une opposition
formidable, qui forcerait le gouvernement à le
retirer et prouverait le cas que l'on fait dans ces
contrées de cette liberté d'allures, sans laquelle il
n'est pas de véritable industrie. Pour notre part,
nous pensons que le gouvernement modifiera ces
règlements inspirés par la défiance, et qu'une lè-
gislation plus large, plus généreuse, saura concilier
les intérêts du Trésor avec la liberté et la dignité
du travail. Le changement du mode de l'exercice
a été et sera toujours un des vœux les plus légitimes de la fabrication du sucre de betterave;
espérons qu'il sera un jour favorablement accueilli.

---

(1) Dans ce pays de liberté illimitée, le sucre ne paie pas le moindre droit et
se livre aux consommateurs à un prix peu différent de celui auquel les fabricants
le produisent.

En 1853, la production du sucre indigène fut
de 75 millions de kilog.; l'importation des colonies
françaises, de 65 millions. Les sucres étrangers
entrés dans nos ports dépassèrent 50 millions,
dont 10 millions au moins restèrent dans la consommation. Il y eut une différence de 9 millions
sur la totalité des quantités entrées dans la consommation, ce qui causa une légère amélioration
dans les prix, amélioration toutefois insuffisante
pour faire cesser l'état de crise amené par la surabondance des sucres étrangers, cause unique de
l'encombrement du marché. C'est en vain que les
fabricants du Nord adressaient au gouvernement
des pétitions qui faisaient clairement connaître la
cause du mal, et appelaient toute son attention sur
la nécessité de remédier à un régime économique
qui compromettait si gravement les intérêts d'une
industrie véritablement nationale, industrie qui
rendait de si éminents services à l'agriculture et
occupait une si nombreuse population ouvrière :
l'intérêt des ports, celui de la marine, habilement
mis en avant, l'emporta toujours.

Peut-on s'étonner qu'une industrie dont les
vœux les plus légitimes ont été et sont si rarement
écoutés, et qui se trouvait, par suite des faits que
nous venons d'exposer, à la veille de sa ruine,
ait profité avec empressement de l'occasion qui se
présentait à elle, en 1853, de réparer sa mauvaise

fortune? La cherté excessive des alcools du Midi donnait une valeur anormale aux 3/6 de betterave. La sucrerie de betterave se hâta d'en profiter. Cette évolution, plus brillante que lucrative, de l'industrie sucrière, lui a été reprochée par ses ennemis comme une désertion du rôle qu'on attendait d'elle; mais les circonstances prouvent qu'elle n'y a point manqué et que la marche qu'elle a suivie lui était commandée par une nécessité impérieuse.

Tout le monde connaît le point de départ de cette curieuse industrie de la distillation du jus de betrave, industrie qui n'a point précisément un caractère de nouveauté, mais dont l'extension sur une si grande échelle appartient entièrement à notre époque. La source des alcools du Midi, tarie par la maladie de la vigne, commença en 1852 à laisser un vide immense dans les approvisionnements de spiritueux. Les produits alcooliques tirés des marcs de raisin, des pommes de terre, des grains et des mélasses, ne pouvaient le combler, car il ne s'agissait rien moins que de remplacer 530,000 hectolitres, production moyenne du Midi. En 1852, les distilleries de mélasse du Nord s'essayèrent à la distillation du jus de betterave et réalisèrent de beaux bénéfices. Quelques fabricants suivirent, avec plus ou moins de succès, leur exemple. De 1853 à 1854, une vingtaine d'usines abandonnèrent la fabrication du sucre pour se

livrer à la production de l'alcool. Les résultats
obtenus firent grand bruit, et, bien qu'on ne pos-
sédât que des renseignements très-vagues sur les
procédés de fabrication, sur le rendement, et que
le commerce de l'alcool présentât des chances
aléatoires peu favorables, la fièvre de la distillation
gagna tous les fabricants, et la plupart se jetèrent
avec une ardeur peu mesurée dans les hasards de
cette nouvelle branche d'industrie, qui allait être
pour eux un océan inconnu fertile en naufrages.

La campagne 1854-55 vit une centaine de sucreries transformées se livrer à la distillation du jus
de betterave. Le prix de l'alcool n'avait jamais été
plus favorable; le 3/6 de betterave s'était élevé, en
juillet et août 1854, au prix exorbitant de 185 fr.
l'hectolitre. Au début des travaux il valait encore
175 à 180 fr. Tout semblait promettre aux fabricants distillateurs une heureuse campagne; con-
fiants dans les résultats qu'ils étaient si près d'obtenir, la plupart, ne se rendant pas un compte
exact du rendement, des frais de fabrication, et
opérant d'ailleurs sur un terrain qui leur était peu
familier, avaient acheté leur matière première à
des prix excessifs, presque doubles des prix ordinaires. On paya la betterave jusqu'à 30 et 32 fr. les
mille kilog. Quoi qu'il en soit, ils étaient fondés
à compter sur des bénéfices raisonnables; mais
le décret du 22 septembre 1854, qui ouvrit si

inopinément nos portes aux producteurs d'alcools
étrangers, et dont ceux-ci ont si bien su profiter,
anéantit toutes leurs espérances et plongea quelques-uns d'entre eux dans la ruine la plus complète. La campagne de 1854-55, qui devait être
un Pactole, fut pour les sucreries transformées une
déception dont elles garderont longtemps le souvenir; elle produisit partout des résultats presque
négatifs. En somme, la distillation de la betterave
n'a fait la fortune que des constructeurs d'appareils
et d'un petit nombre de fabricants qui possédaient
déjà les moyens de se livrer à cette industrie et qui
l'avaient pratiquée sur la mélasse. Mais le résultat
le plus fâcheux de l'engouement auquel elle a
donné lieu, a été l'enchérissement fabuleux de la
matière première, enchérissement qui ne profite
qu'aux cultivateurs et place désormais la sucrerie
indigène du Nord dans la situation la plus précaire (1). Toutefois le public n'y a rien perdu,
et c'est se montrer profondément injuste que de
reprocher à une industrie qui a rendu de si grands
services au commerce, en suppléant à elle seule,
pendant trois années, au manquant considérable
qui s'était manifesté dans la production du Midi,

(1) Depuis cette année, à la suite de la crise financière et de la débâcle dans le
prix des alcools et des sucres, la betterave est revenue momentanément à son
prix normal; on peut dire même à un prix trop bas pour le cultivateur du Nord,
grevé de lourds fermages et de frais de main-d'œuvre qu'il n'est pas assuré de
pouvoir réduire proportionnellement.

que de lui reprocher, disons-nous, cette transformation, qui n'est point la cause essentielle de la
hausse des sucres, et qui a déterminé, en définitive, après les services rendus et oubliés, la
création d'une industrie qui restera acquise à notre
agriculture, nous voulons parler de la distillation
de la betterave dans la ferme.

La campagne de 1853-54 avait fourni 77 millions
de kilog. de sucre indigène contre 83 millions de
sucre colonial, et 37 millions de sucre étranger,
dont 6 millions seulement étaient entrés dans la
consommation. La campagne 1854-55 ne donna
que 45 millions; c'était donc un déficit de 32 millions. Les colonies françaises fournirent en 1855
90 millions; à quoi il faut ajouter la quantité énorme
de 59 millions 653,000 kilog. de sucre étranger,
dont 17 millions restèrent dans la consommation!
Le déficit sur les mises en consommation de l'année
précédente n'était en définitive que de 15 millions,
ce qui n'empêcha pas le public prévenu d'attribuer
uniquement à la transformation des sucreries de betterave la hausse extraordinaire qui se manifesta sur
les sucres en novembre 1855, mais qui se trouve
pourtant dépassée de beaucoup au moment où nous
écrivons, bien que les sucreries soient toutes revenues
depuis longtemps à leur destination première (1).

(1) A ce moment, le sucre raffiné s'éleva à 220 fr. les 100 kilog.; actuellement
il ne vaut plus que 156 fr.

La vérité est qu'à cette époque nos approvisionnements en sucre étaient assez considérables pour que l'Angleterre, cet entrepôt des denrées coloniales du monde entier, nous fît, par des causes fort rares dans l'histoire de son commerce universel, des demandes importantes, et que le manque inusité de cette denrée, joint aux mesures des spéculateurs anglais, déterminât une explosion de hausse, dont le gouvernement français s'inquiéta peut-être beaucoup trop, car la campagne de sucre indigène prochaine devait être très-productive et le fut en effet. D'ailleurs, des fluctuations de prix aussi considérables se produisent périodiquement sur une foule d'objets aussi nécessaires que le sucre, sans que l'opinion publique s'en alarme, sans que le gouvernement cherche à intervenir. Mais l'industrie du sucre indigène, qui rend pourtant des services qu'il est impossible de méconnaître, a cela de particulier que personne ne la plaint ou ne vient à son secours lorsqu'elle souffre, et que toutes les chances de prospérité qu'elle rencontre fortuitement lui sont enlevées par des modifications ·de tarifs qui mettent à néant ses espérances les plus légitimes, et la forcent à recommencer sans cesse cette lutte opiniâtre qu'elle soutient depuis tant d'années.

Le 20 décembre 1854, était déjà intervenu un décret du gouvernement qui réduisait les droits d'entrée sur les sucres étrangers, et les établissait comme suit :

Sucre de nuance égale au plus au premier type actuel :

De la Chine, de la Cochinchine, des Philippines et de Siam.................. 48 fr. 100 kil.

Des autres contrées de l'Inde... 50

D'ailleurs, hors d'Europe..... 53

Des entrepôts............... 63

Par navires étrangers........ 68

Sucre de nuance supérieure au premier type actuel :

Mêmes droits que ci-dessus, augmentés de 3 fr. par 100 kilog.

Le 29 décembre 1855, parut un nouveau décret modifiant ce tarif et établissant les droits comme suit :

Sucre de nuance égale au premier type, par navires français :

De la Chine, de la Cochinchine, des Philippines et de Siam.................... 45 fr. 100 kil.

Des contrées de l'Inde........ 47

D'ailleurs, hors d'Europe...... 50

Des entrepôts. 60

Par navires étrangers........ 65

Sucre de nuance supérieure au premier type actuel :

Mêmes droits que ci-dessus, augmentés de 5 fr. par 100 kilog.

Ce nouveau tarif, qui réduisait la surtaxe des sucres étrangers d'Amérique à 5 fr. au-dessus du droit du sucre indigène, était pour le moins prématuré et avait été conçu sous l'influence de craintes qui ne devaient pas se réaliser. Les fabricants-distillateurs étaient pour la plupart guéris de leur engoûment, et la sucrerie revenait, par une pente naturelle, à la fabrication du sucre. La campagne 1855-56 donna les résultats suivants : 275 fabriques étaient en activité, contre 208 en 1854-55. Les quantités fabriquées étaient de 92 millions de kilogrammes, soit une augmentation de 47 millions et demi sur l'année précédente. Les quantités restant en entrepôt dépassaient 7 millions de kilogrammes. La sucrerie indigène était rentrée dans son état normal.

L'importation du sucre des colonies françaises de 1855, n'a été que de 3 millions au-dessous de la moyenne des trois années qui ont précédé 1848. La logique irrécusable de ces chiffres prouve que, dès cette époque, la production coloniale était rentrée dans ses anciennes conditions, et que les perturbations apportées par l'abolition de l'esclavage dans le régime des plantations avaient tout à fait disparu. La sucrerie métropolitaine pouvait être fondée à croire que la taxe différentielle accordée aux colonies en 1851 était arrivée à son terme naturel, et que rien plus ne nécessitait la prolongation de cette faveur. Les hommes qui ont voix dans les conseils du gouvernement ne pensèrent point ainsi, et par des motifs qu'il serait difficile d'expliquer, la différence de taxe fut continuée. Une loi, en date du 27 juin 1856, fut promulguée à cet effet; nous en produisons les principales dispositions.

Sucre du premier type des colonies françaises au-delà du cap de Bonne-Espérance. 42 fr. les 100 kil.

Sucre d'Amérique.......... 45

Au-dessus du premier type, mêmes droits, augmentés de 3 fr. par 100 kilog.

Raffinés, 10 0/0 en sus du droit applicable au sucre de nuance supérieure au premier type.

Néanmoins, les droits ci-dessus seront temporairement réduits dans les proportions suivantes :

1° De 7 fr. par 100 kil. du 27 mars 1856 au 30 juin 1858.
2° 5 — du 1er juillet 1858 au 30 juin 1859.
3° 3 — du 1er juillet 1859 au 30 juin 1861.

La même loi modifie le rendement des sucres raffinés, et le fixe à 75 au lieu de 70 pour cent pour les mélis ou quatre cassons entièrement épurés et blanchis, ce qui est encore au-dessous du rendement réel et assure à nos raffineurs la continuation d'une prime représentant le droit sur 5 0/0 de sucre au moins; car, quelle que soit la qualité de leur matière première, on ne peut pas admettre que les raffineurs de sucre de canne emploient plus

de 100 kilog. de sucre brut pour produire 80 kilog.
de sucre raffiné. La sucrerie indigène n'a jamais
pu jouir de cet avantage. « La question de savoir
» si le sucre indigène, dit le *Moniteur universel*
» (mars 1857), devait participer au bénéfice du
» drawback accordé au sucre de canne, s'est pro-
» duite devant la commission du corps législatif
» chargée d'examiner le projet de loi sur le tarif
» des sucres. Voici dans quels termes s'est expliqué
» le rapporteur de la commission, M. Ancel (1) :

« La pensée de l'amendement (amendement pro-
» posé par M. Legrand) ne nous a pas paru pouvoir
» être adoptée. Le drawback est un avantage que
» la loi fait à l'importation des sucres, un sacrifice
» que le Trésor consent, non pas seulement en vue
» d'un commerce d'échange très-étendu, mais, avant
» tout, pour assurer à notre marine marchande des
» éléments de transport considérables, c'est-à-dire
» pour lui donner les moyens de former des matelots
» dont l'Etat peut disposer au premier appel. Ces
» considérations ne militent pas, on le comprend,
» en faveur du sucre indigène; le sacrifice de l'Etat
» serait sans compensation. Nous avons toutefois
» soumis à MM. les commissaires du gouvernement
» la pensée de l'honorable M. Legrand; leur opinion
» s'est trouvée complètement d'accord avec la nôtre. »

(1) Député du Havre.

VIII

La loi du 27 juin 1856, qui met en concurrence les sucres de tous les lieux de production, qui admet les sucres de Manille et de la Chine à droits égaux, qui réduit la surtaxe des sucres de l'Inde à 2 fr., et celle des sucres d'Amérique à 5 fr.; cette loi qui, en un mot, est le dernier échelon pour arriver au libre commerce des sucres, n'a pas produit, la première année, les résultats que ses promoteurs pouvaient en attendre, parce que les causes si complexes qui ont amené l'enchérissement successif des sucres ont continué de subsister, et que ces causes, qui ne sont point du domaine de telle ou telle théorie commerciale, se font ressentir sur tous les marchés du monde.

On estime la production entière du sucre à 2 milliards 221 millions de kilog.; dans cette quantité, le sucre de betterave produit en France, en Autriche, en Allemagne, en Belgique, en Pologne et en Russie, ne figure que pour 329 millions. Ce n'est guère qu'en France que des sucreries se sont transformées pour se livrer à la production de l'alcool; or, nous avons vu que les quantités de betteraves enlevées en 1853-54 pour cette destination, ne représentaient que 52 millions de kilog. de sucre. Nous demandons quelle influence cette faible quantité peut avoir sur les 329 millions fournis

annuellement par la betterave, et à plus forte
raison sur les 2 milliards 221 millions fournis par
le monde entier?

Le sucre enlevé par la distillation en 1853-54,
seule campagne où des masses importantes de betteraves aient été détournées de leur destination,
représente pour la France une quotité qui a atteint,
il est vrai, presque le cinquième de la consommation
annuelle, mais qui ne représente accidentellement,
en définitive, que la soixante-dixième partie de la
production générale du globe. Les reproches adressés
à la sucrerie indigène pourraient être fondés, si
cette industrie jouissait encore de la protection qui
lui fut accordée sous la Restauration et dans les
premières années du règne de Louis-Philippe; si en
un mot elle avait seule, avec nos colonies, le privilége d'approvisionner le marché français. Mais
l'industrie métropolitaine est, ainsi que nous venons
de l'établir, placée sous un régime de libre-échange
presque complet. Depuis longtemps nos ports sont
ouverts aux sucres étrangers, et la preuve, c'est
que nous en avons reçu en 1855 près de 60 millions de kilog. Une surtaxe de 12 fr. par 100 kilog.,
il est vrai, protège les sucres de nos colonies; mais
elle n'est que de 5 francs pour le sucre indigène :
le gouvernement peut la faire disparaître quand il
le voudra; cette mesure ne fera pas baisser le prix
des sucres, et ne changera rien à la situation géné-

rale de cet article. Malgré l'évidence des faits que
nous signalons, il n'en est pas moins de mode
d'attaquer la sucrerie indigène et de faire de cette
industrie le bouc émissaire de la question. L'ignorance de ces faits trouve son excuse en elle-même;
il est déplorable de les voir dénaturer par ceux
qui les connaissent pour en tirer des conclusions
qui peuvent être nécessaires à leurs théories, mais
qui faussent le jugement public, et élèvent contre
une branche considérable du travail national des
préventions aussi dangereuses que peu motivées.

La campagne 1856-57 n'a produit que 80,874,544
kilogrammes de sucre indigène; c'est une diminution de 10 millions de kilog. sur la campagne précédente, qui provient uniquement de la faiblesse
de rendement occasionnée par la réaction d'une
mauvaise saison sur la nature de la betterave.
De telles variations sont fréquentes dans cette fabrication. Il n'est pas rare de voir, d'une année à
l'autre, des différences d'un dixième et quelquefois
d'un cinquième dans le rendement de la betterave.
Les fabricants sont les premiers à souffrir de cet
état de choses, sur lequel ils n'ont aucune influence. Le nombre des fabriques en activité a été
de 283 contre 275 dans la campagne dernière (1).

(1) La sucrerie indigène témoigne cette année d'une activité extraordinaire.
Trois cent trente fabriques sont en activité. Comparée à l'époque correspondante
de 1856, c'est une augmentation de 47. La fabrication totale était au 30 novembre

La production coloniale a été en 1856 de 93,534,000
kilogrammes. C'est le chiffre des bonnes années de
nos colonies. L'importation des sucres étrangers a
présenté une diminution considérable sur 1855;
elle a été de 32,913,500 kilog., dont 35,633,500 kil.
ont été réexportés à l'état de raffinés, ce qui, au
rendement de 80 0/0, représente une quantité de
44,500,000 kilog. C'est donc 9 millions de kilog.
de sucre qui ont été détournés de la consommation
pour satisfaire aux besoins de l'exportation. Ajoutez
à cela la faiblesse des stocks, la diminution de
10,000,000 kilog. signalée plus haut, et le progrès
de la consommation; il n'en faut pas davantage
pour expliquer le maintien du prix élevé des sucres.

Il suffit de jeter un coup d'œil sur les législa-
tions successives que nous venons d'exposer pour
se convaincre que l'industrie coloniale et l'industrie
métropolitaine des sucres ont, à beaucoup d'égards,
malgré des dissidences passagères, le même but et
les mêmes intérêts, et qu'elles n'ont qu'un véritable ennemi, l'étranger. Les plantations coloniales
et la sucrerie indigène sont en mesure de subvenir
à la consommation de la France, quels que soient
d'ailleurs ses progrès; mais il faut qu'une légis-

de 59,141,921 kilog., contre 38,718,315 kilog. en 1856, à l'époque correspondante : c'est une augmentation de plus de 20 millions de kilog. Quelles preuves
plus éloquentes peut-on donner de la vitalité de cette industrie, et quelles merveilles ne devrait-on pas en attendre si on lui appliquait cette maxime favorite de
l'économie politique anglaise : *Laissez faire!*

lation paternelle les encourage, il faut que leur avenir
soit garanti de l'invasion du sucre étranger. La sucrerie de betterave lutte seule en ce moment contre
les sucres des Indes, de Manille, de Cuba et des Antilles anglaises; elle lutte victorieusement, parce que
les prix sont largement rémunérateurs; mais, à mesure que la loi du 27 juin 1856 recevra son effet,
et que le droit des sucres exotiques se rapprochera
du droit des sucres indigènes, pour arriver enfin à
un terme égal, la lutte s'étendra et l'industrie coloniale aura à soutenir à son tour la concurrence
étrangère. C'est là le grand danger du tarif actuel
des sucres. Il peut susciter aux deux grandes branches de l'industrie nationale sucrière une concurrence funeste à nos intérêts généraux, au profit des
producteurs des Indes, des Antilles anglaises et espagnoles, pour lesquels, nous le déclarons, nous avons
fort peu de souci. Nous pensons que le gouvernement,
par une sage révision des tarifs, ou par l'établissement
d'une surtaxe variable, qui ne permettrait l'introduction des sucres étrangers que dans certaines circonstances, leur évitera ce danger commun, lorsqu'il
comprendra surtout que la sucrerie indigène, réunie
à la production coloniale, est en mesure de subvenir,
dans les meilleures conditions de prix, aux besoins
les plus considérables de la consommation. C'est ce
que nous allons nous efforcer d'établir.

FIN DE LA PREMIÈRE PARTIE.

DE LA FABRICATION DU SUCRE DE BETTERAVE

DEUXIÈME PARTIE

I

C'est une opinion assez généralement répandue, que la betterave occupe une très-grande étendue du sol labourable, et que la culture de cette plante emploie des terrains qui sont naturellement destinés à la production des céréales. Aux yeux de certaines gens, les 282 fabriques qui existent actuellement (1) sont des pompes aspirantes qui attirent à elles toute la richesse fertilisante du sol, et font le vide à leur profit dans chacune de leurs circonscriptions culturales. Un négociant d'un de nos ports de mer ou un colon des Antilles, qui traverserait au mois de juin les départements de l'ancienne Flandre, serait pourtant étonné de voir quelle faible place cette plante, qu'il pouvait penser si envahissante, occupe en définitive dans les cultures de cette riche contrée, et quelles abondantes moissons de lin, de colza et de céréales surgissent à chaque tour de roue de la locomotive.

(1) Ce nombre est aujourd'hui de trois cent trente.

Où est donc la betterave, se dirait-il, et comment
ces nombreuses fabriques, dont les cheminées se
dessinent à l'horizon, peuvent-elles être alimentées?
Cette réflexion, dont personne ne contestera la jus-
tesse, a dû être faite par toutes les personnes qui
visitent le Nord. C'est qu'en effet, les 92 millions
de kilogrammes de sucre que l'industrie métropolitaine livre à des consommateurs peu reconnais-
sants, sont le produit d'une humble plante dont
l'étendue culturale n'est que de 52,000 hectares,
c'est-à-dire la millième partie du territoire, soit
une surface un tiers moindre que celle des forêts
de la couronne, ou un neuvième de celle de la
Sologne, ou enfin à peine égale à celle des marais
de la Camargue.

Il n'en faut pas davantage pour démontrer combien il y a d'exagération ou de puérilité dans l'accusation portée par tant de gens contre la betterave,
d'envahir le sol aux dépens de la culture des
céréales, dont elle ne prend en définitive, comme
étendue, que la 280e partie. Le colza, qui est aussi,
lui, une plante industrielle, occupe un espace bien
plus grand, puisqu'en 1840 (1) on estimait sa
surface culturale à 173,506 hectares, et qu'elle a
dû prendre depuis, à cause du haut prix des huiles,
une extension assez considérable. Pourquoi n'ac-

(1) Moreau de Jonnès, *Statistique de l'agriculture de la France.*

cuse-t-on pas le colza aussi bien que la betterave ?
D'ailleurs, ce serait une erreur de croire que la
fabrication du sucre seule a introduit la betterave
dans nos contrées : la découverte de Margraff a
trouvé la betterave disette naturalisée en France;
on s'en servait pour la nourriture des bestiaux, sa
culture était recommandée par les agronomes de
l'époque; elle ne tarda pas à se répandre dans plusieurs de nos départements.

On suivit en cela l'exemple de la Belgique et de
la Flandre, qui possédaient avant nous les bonnes
méthodes agricoles, et qui avaient fait entrer avec
succès la betterave fourragère dans leurs assolements. C'est précisément parce que cette plante
était connue et vulgarisée, que nos premiers fabricants éprouvèrent tant de difficultés dans leurs
débuts. Ils imaginèrent en effet qu'ils pouvaient
faire économiquement du sucre avec de la betterave champêtre, et que de la crèche il suffisait de
la faire passer à la râpe pour en tirer un bon parti.

La statistique agricole de 1840, année où l'on
ne produisit que 22 millions de kilogrammes de
sucre indigène, accuse une étendue de 57,663 hectares en betteraves, étendue suffisante pour produire près de 100 millions de kilogrammes, si la
betterave fourragère, qui formait les 4/5 de cette
étendue, avait été remplacée par de la betterave à
sucre.

On pouvait donc, dès cette époque, sans déplacer un épi de blé, suffire à une production de sucre qui sera à peu près celle de la prochaine campagne; ainsi se justifie notre assertion.

Ici se présente, par la pente naturelle des faits que nous venons d'exposer, l'examen d'une des questions les plus importantes de notre économie rurale : L'agriculture française n'aurait-elle pas autant d'avantages à suivre l'exemple de l'agriculture anglaise, qui emploie les racines elles-mêmes comme nourriture de ses bestiaux? Quelle compensation a-t-elle trouvée, et continuera-t-elle de trouver dans le changement de destination de la betterave, cultivée expressément pour le fabricant de sucre, et dont celui-ci exprimera le suc avant de lui en livrer les résidus? Ne faudra-t-il pas augmenter considérablement l'étendue consacrée à cette racine, pour arriver, par ce dernier mode, à alimenter les étables? En un mot, quelle est la puissance nutritive des pulpes de sucrerie, comparée à la betterave employée directement comme fourrage? Telle est la question préjudicielle qui se présente à nous, et sur laquelle, avant d'aller plus loin, nous croyons indispensable d'exposer nos vues.

L'attention des premiers fabricants de sucre contemporains d'Achard, fut promptement appelée sur l'emploi qu'on pourrait faire des résidus ou marc de betterave comme nourriture des bestiaux.

Ces résidus, qui, en dehors des collets, des feuilles
et des radicules, lesquels forment environ un tiers
du poids de la récolte et retournent directement au
sol, représentaient alors 40 0/0 du poids de la
racine soumise à l'action de la râpe, et constituaient
par conséquent un objet digne de l'attention la
plus sérieuse; mais ils étaient trop aqueux, trop
imprégnés de jus, trop mal pressés, en un mot,
pour qu'ils pussent se conserver par l'ensilage,
comme aujourd'hui; la fermentation putride s'en
emparait de suite, et leur emploi dès lors ne
pouvait être que momentané. Pour obvier à cet
inconvénient, on imagina de les faire cuire avec
une addition d'eau, de les presser encore une fois,
afin d'en séparer toutes les parties aqueuses, puis
de les donner ensuite aux animaux de la ferme,
lesquels, après cette opération complémentaire,
s'en montraient très-friands et les mangeaient avec
une certaine avidité. A mesure que les moyens
d'exprimer le suc se perfectionnaient, ces résidus,
par la facilité qu'ils acquéraient de se conserver,
prenaient de la valeur. « Cette nourriture, dit
» M. Chaptal, qui est presque sèche, n'a ni les
» inconvénients des herbes ou racines aqueuses,
» ni ceux des fourrages secs pour l'usage des bêtes
» à cornes; elle ne produit point la pourriture
» comme les premières, et ne donne pas lieu à
» des obstructions, ni n'échauffe pas comme les

» secondes ; elle contient presque tous les principes
» nutritifs de la betterave, dont on n'a enlevé,
» en la travaillant, qu'environ 65 0/0 d'eau, 5 0/0
» de sucre et un peu d'extractif et de gélatine. Les
» bœufs, les vaches, la volaille, dévorent cette
» nourriture, qui les engraisse beaucoup mieux
» que tous les aliments connus. »

Mathieu de Dombasle avait reconnu, lui aussi,
l'excellent usage qu'on pouvait faire de la pulpe pour
l'alimentation des vaches laitières, des bœufs et des
bêtes à laine. De son temps, ce résidu se vendait de
8 à 10 fr. les 1,000 kilog. ; on ne le conservait guère
que quelques mois, en le mettant, après sa sortie
des presses, dans des tonneaux défoncés, recouverts
et lutés avec de l'argile. On remarquait que ce résidu
présentait une grande ressource pour les mois de
printemps, époque à laquelle la betterave, employée
directement comme nourriture, s'échauffe et pousse,
et doit être suppléée par des fourrages secs. Toutefois, cet excellent agronome donna lieu, par l'application irréfléchie de son procédé de macération,
au reproche fondé de rendre les pulpes moins susceptibles d'emploi, non pas qu'elles fussent moins
propres à la nourriture du bétail, mais parce qu'il
était impossible de les conserver longtemps dans
leur état normal, et qu'elles devaient dès lors être
employées en sortant des appareils de macération et
dans le voisinage immédiat de la fabrique.

La fabrication du sucre de betterave est naturellement et nécessairement liée à l'agriculture; son
existence ne se comprend que par les ressources
qu'elle met à sa disposition et les progrès qu'elle
lui fait accomplir. Il faudrait renoncer à soutenir
cette industrie, si jamais elle séparait ses intérêts
de ceux du sol : sauf le sucre, qui est produit par
les voies mystérieuses de la nature, à l'aide des
éléments inépuisables et sans cesse renouvelés que
fournissent à la plante l'eau et l'atmosphère, tout
ce qui compose la betterave doit retourner au sol
directement ou indirectement, et y retourne en
effet, lorsque la sucrerie indigène emploie des
moyens de fabrication rationnels. On ne saurait
être trop sévère pour ces procédés manufacturiers
qui, en ayant pour but d'extraire de la betterave
la plus grande quantité de sucre possible, dété-
riorent les résidus et les rendent impropres à la
nourriture du bétail. C'est payer trop cher l'excédant de rendement qu'on est susceptible d'obtenir, et s'exposer à attirer sur la sucrerie indigène
les reproches justement et exceptionnellement
fondés, cette fois, d'être nuisible à l'agriculture.

Les personnes qui sont familières avec la fabrication du sucre indigène, comprendront que nous
voulons parler du procédé de dessiccation ou des
cossettes, procédé à l'aide duquel on a tenté en
Allemagne, avec plus ou moins de succès, d'ex-

traire le sucre de la betterave, en desséchant cette racine coupée en tranches minces, puis en la faisant macérer dans l'eau bouillante, procédé dont M. Schützenbach est l'auteur.

Sans nous attacher aux nombreux inconvénients que le procédé de M. Schützenbach présente au point de vue économique, et dont les principaux sont l'excédant de consommation de combustible, la transformation inévitable d'une partie de la matière sucrée en sucre de raisin ou sucre incristallisable, la réabsorption de l'humidité par les tranches de betterave, auxquelles une dessiccation nécessairement incomplète n'a pu faire perdre entièrement leur faculté hygrométrique, il nous suffira d'insister sur le reproche déjà articulé, d'avoir séparé les intérêts de la sucrerie indigène de ceux de l'agriculture progressive, en rendant les résidus tout-à-fait impropres à l'alimentation des bestiaux. On peut voir à la porte des établissements qui emploient ce procédé anti-agricole, des tas énormes de cossettes en putréfaction, dont ils tentent vainement de se débarrasser, et que personne ne veut prendre, malgré l'offre séduisante du bon marché, ni comme engrais, ni comme nourriture. Si quelques fabricants n'avaient pas commis la faute d'adopter ce détestable procédé de fabrication, il ne vaudrait pas la peine d'être discuté, car il n'est réellement pas discutable. Le seul

argument économique qu'on ait employé en sa
faveur, est celui de la conservation indéfinie du
sucre, et dès lors de la continuité du travail, avantage qu'on ne peut nier ; mais une râpe marche
aussi vite qu'un coupe-racine, et on a aussitôt fait
du sucre brut que de la cossette. Il est encore plus
simple de réduire la betterave à six pour cent de
son poids, sous forme de cassonnade, qu'à seize
sous forme de cossette ; et une raffinerie destinée
à transformer les produits bruts est un établissement qui marche toute l'année, aussi bien que
l'établissement central destiné à recevoir les produits des tourailles. Ce procédé n'a donc point
résolu le problème de la continuité du travail ; il
en a fourni une solution nouvelle, mais qui n'est
point la meilleure assurément.

. « Dans la réalité, la dessiccation est une opération
» plus longue, plus embarrassante et plus dispen-
» dieuse que la fabrication du sucre tout entière,
» dit Mathieu de Dombasle (1).

» Avec le procédé de Schützenbach, dit le célèbre
» auteur des *Lettres sur la chimie* (2), cent livres
» de betterave en donnent huit de sucre. Mais
» pour dessécher la betterave, il faut en moyenne
» évaporer quatre-vingt-six litres d'eau. Après

---

(1) *Instruction sur la fabrication du sucre de betterave*, 1839, page 46.

(2) Liébig, *Lettres sur la chimie*, 1845, page 123.

» cela, on verse vingt litres d'eau sur le résidu
» sec afin de l'épuiser; une nouvelle évaporation
» est donc nécessaire. Ainsi cent six livres de
» liquide (86 plus 20) rendent huit livres de sucre;
» ce qui fait un peu plus de cinq livres et quart
» de sucre pour soixante-dix livres de liquide qu'il
» a fallu faire évaporer. Par conséquent, on obtient
» aujourd'hui d'un même poids de betteraves trois
» livres de sucre de plus qu'auparavant (1). C'est
» donc à ces trois livres à couvrir tous les frais
» extraordinaires qu'exige le nouveau mode de
» fabrication. En outre, elles doivent compenser
» la perte du résidu, qui avait une certaine
» valeur et qui maintenant n'en a plus. Ces trois
» livres reviennent en définitive si cher, qu'il
» vaudrait mieux acheter tout simplement de nou-
» velles betteraves que d'épuiser complétement le
» résidu à grand renfort de combustible. Ces deux
» évaporations complètes exigent une grande quan-
» tité de combustible, et le résidu définitif est
» tout-à-fait impropre à la nutrition des bestiaux;
» c'est tout au plus s'il peut servir d'engrais.

» Tant que la fabrication du sucre, ajoute l'il-
» lustre chimiste, faisant allusion à l'engouement

(1) Ces assertions, mises en avant par les inventeurs ou importateurs du procédé
Schützenbach, ne sont rien moins que justifiées par la pratique. Nous croyons
pouvoir affirmer que le rendement n'est pas plus élevé, du moins en matières cris-
tallisables; quant à la production du sucre incristallisable, elle est hors de doute
et rend ce procédé précieux pour la distillation.

» dont ses compatriotes s'étaient pris pour le pro-
» cédé Schützenbach, n'a été qu'une branche de
» l'industrie agricole, elle a pu soutenir la con-
» currence avec le sucre des colonies. Les feuilles,
» le résidu des betteraves, servaient à nourrir les
» bestiaux, et leur valeur augmentait naturellement
» avec le prix des céréales; mais la fabrication du
» sucre indigène, considérée comme objet de
» spéculation commerciale, doit nécessairement
» périr (1). »

Ces conseils si judicieux n'ont pas besoin d'être
donnés à la sucrerie indigène française, qui a su,
sauf de rares exceptions, se préserver de cet engouement dangereux et irréfléchi de nos voisins
d'outre-Rhin, et qui n'a rien changé d'essentiel
aux procédés qui ont pour but l'extraction du jus.
Dans l'état actuel et général de cette industrie, la
pulpe de râpe forme le cinquième du poids de la
betterave, et diminue, au prix actuel de ce résidu,
de 5 fr. par 1,000 kilog., la valeur de cette racine.
En supposant à 70 centimes le prix de revient du
kilogramme de sucre, supposition qui s'écarte peu
de la réalité, il faudrait retirer par la dessiccation

---

(1) « Sans doute la méthode des cossettes permet de prolonger et d'étendre le
» travail, mais il semble peu probable qu'elle puisse généralement offrir la même
» économie ou réaliser, en définitive, les mêmes bénéfices que la fabrication di-
» recte, celle-ci n'exigeant qu'une seule évaporation et tirant un meilleur parti
» des résidus, notamment de la pulpe, pour la nourriture des bestiaux. » (Payen,
Traité complet de la distillation, page 57. 1858.)

environ 3/4 0/0 de sucre de plus que par les procédés ordinaires pour compenser la perte totale des
résidus, et encore faudrait-il admettre l'hypothèse
irréalisable de l'égalité des frais de fabrication. Le
progrès des procédés d'extraction du jus est donc
naturellement limité, ou du moins soumis à de
certaines conditions. En voulant augmenter le rendement en sucre, il faut prendre garde ne pas
atténuer les propriétés alibiles des résidus; il ne
faut point, en un mot, détruire une valeur agricole
pour créer une valeur industrielle, qui pourrait
bien n'être pas équivalente même au point de vue
de la spéculation, et qui aurait, dans tous les cas,
l'inconvénient irréparable de ravir au bétail une
précieuse ressource d'alimentation, et d'attirer à la
sucrerie indigène des reproches qu'on n'est que
trop disposé déjà à lui adresser.

Telle que la fabrication nous la fournit aujour-
d'hui, la pulpe de râpe constitue le meilleur résidu
qu'on puisse retirer de la betterave, et le plus
propre à la nourriture et à l'engraissement des
animaux. Cette pulpe, mise en silos et bien pré-
servée du contact de l'air, se conserve fort longtemps, et par la fermentation acquiert des principes
alcooliques qui développent au plus haut point ses
propriétés nutritives. Elle se présente alors sous
l'aspect d'une matière blanche, spongieuse, grasse
au toucher, d'une odeur vineuse agréable, que les

animaux recherchent avec avidité et qui, mêlée à
une faible proportion de fourrages secs ou de tour-
teaux oléagineux, constitue une nourriture de premier ordre. Une année après son ensilage, la pulpe
ne paraît avoir perdu aucune de ses qualités. C'est
là un de ses principaux avantages, en ce sens qu'il
permet aux cultivateurs d'atteindre la saison des
fourrages verts, et de fournir à leur bétail, pendant toute la durée de la stabulation, une nourriture éminemment propre à un rapide engraissement. On peut considérer 300 kilogrammes de
pulpe fermentée comme l'équivalent nutritif de
100 kilogrammes de foin sec; d'où il résulte qu'en
payant ce dernier fourrage 8 fr. le quintal métrique,
on peut acheter la pulpe à raison de 26 fr. 60 les
1,000 kilogr., et avoir pour soi les avantages propres à ce genre de nourriture, avantages bien connus
et appréciés dans tout le nord de la France.

II

Ici se présente l'objection déjà reproduite par
nous et tant de fois faite à la sucrerie indigène, de
prendre dans ses cultures la place de la betterave
fourragère, laquelle pourrait tout aussi bien servir
à la nourriture des bestiaux et réclamerait pour
arriver au même résultat nutritif, obtenu en Angleterre à l'aide des turneps, un espace beaucoup

moindre, et par conséquent profitable à la production des céréales. Rien n'est moins fondé que
cette objection, si spécieuse en apparence. Si nous
nous rendons compte, avec les lumières de l'expérience et de la raison, de l'emploi qu'on peut faire
de la betterave à sucre, considérée dans ses résidus,
et de la betterave fourragère, nous trouverons que
la somme de nourriture qu'elles peuvent respecti-
vement fournir n'est pas très-différente, et que
l'élimination du sucre diminue bien peu la production de la viande qui résulterait de l'emploi
direct de cette racine. Il en résulte, *à priori*, que
les 52,000 hectares consacrés à la culture de la betterave à sucre, seraient dans tous les cas employés
à la production de plantes ou de racines fourragères, et que, si la sucrerie indigène n'existait pas
ou n'existait plus, nous irions porter à l'étranger
un tribut annuel de 70 millions de francs, représentant la valeur des 90 millions de kilog. de sucre,
que la betterave livre à la consommation nationale.

Si la betterave fourragère était employée immédiatement après l'arrachage, c'est-à-dire au mois
d'octobre, nul doute que la somme de nourriture
qu'elle fournit fût beaucoup plus considérable que
celle qui est représentée par les résidus de la betterave à sucre; mais ce n'est point ainsi qu'on procède, ni qu'on peut procéder dans son emploi.
Dépouillée de ses feuilles et de ses radicules, mise

en silos après l'arrachage, et recouverte d'une couche de terre, elle ne tarde pas à s'échauffer et à subir toutes les altérations qu'éprouve la betterave à sucre elle-même, dans les mêmes circonstances. Jusqu'à la fin de décembre et même de janvier, l'altération n'est pas très-sensible, et la betterave ne perd guère que 10 à 15 0/0 de son poids ; mais à partir de cette dernière époque, elle devient flasque, ridée, s'échauffe, pousse des rejetons, se pourrit, et perd en définitive dans le cours de cette altération inévitable, plus de la moitié de son poids (1). Ce phénomène, inhérent à la betterave, comme à toutes les autres racines légumineuses, est bien connu des fabricants de sucre, lesquels se hâtent de terminer leurs travaux avant que cette détérioration se manifeste pleinement, et s'arrangent généralement pour n'avoir plus de betteraves en silos vers la fin de janvier ou février. Il n'est pas moins connu des cultivateurs du Nord, qui savent très-bien qu'ils ont plus de bénéfice à vendre leurs racines aux fabricants immédiatement après l'arrachage, et à leur racheter, à prix débattu, la pulpe dont ils peuvent avoir besoin pour la nourriture de leurs animaux, qu'à les faire consommer directement. Inutile d'ajouter que, passé le mois de mars, la détérioration de la betterave s'accélère d'une

---

(1) Dubrunfaut, *Art de fabriquer le sucre de betterave*, 1828, page 106.

manière bien plus rapide encore, de sorte qu'il est indubitable que le fermier qui produit cette racine pour l'employer directement, perd en moyenne la moitié de son approvisionnement, quelles que soient d'ailleurs les précautions qu'il prenne, ce qui augmente de 50 0/0 la somme affectée par lui à ce chapitre du budget de ses dépenses.

En prenant pour base de nos calculs le rendement moyen de 35,000 kilog. par hectare, la nourriture affectée au bétail par l'emploi direct de la betterave se réduit, pour cette contenance, à 17,500 kilog., pendant que la pulpe provenant du râpage de la même quantité de betteraves fraîches, livrée au fabricant en octobre ou novembre, représente un poids de 7,000 kilog. L'avantage en faveur des racines employées directement est encore de 10,000 kilog.; mais il s'en faut qu'à poids égal la betterave nourrisse comme la pulpe, bien que sur la plupart des tables d'équivalents nutritifs ces deux aliments soient considérés comme représentant la même quantité de foin sec : un bœuf de travail est parfaitement entretenu avec une ration de 40 kilog. de pulpe et 2 à 3 kilog. de fourrage sec; il faut 60 kilog. de betteraves et la même quantité de foin ou fourrage sus-indiquée pour arriver au même résultat, et encore cette nourriture, plus aqueuse, portant à la météorisation, est-elle inférieure et beaucoup moins propre à l'engraissement.

C'est un fait hors de doute, que des bœufs engraissés à l'aide de la betterave dévorent parfois jusqu'à 80 ou 100 kilog. de cette racine par jour, tandis que la ration de pulpe fermentée donnée à ces animaux, en dehors des matières farineuses ou oléagineuses, excède rarement 30 kilog. Un cultivateur tout-à-fait désintéressé dans la question, et qui ignorait complètement pourquoi nous lui demandions ce renseignement, nous a déclaré avoir employé 40,000 kilog. de betteraves en quatre mois pour la nourriture de quatre vaches, soit une moyenne de 83 kilog. par vache et par jour. Sans doute, cette quantité n'a pas été donnée en réalité; mais en tenant compte de la détérioration si considérable de la betterave ensilée, elle n'en a pas moins été consommée, et, ce qui est pis, consommée d'une manière improductive.

Partant de ces données essentiellement pratiques, nous trouvons que les 17,500 kilog. de betteraves fraîches, produit d'un hectare, qui ont échappé à la destruction, n'ont pas plus d'effet nutritif qu'une quantité moitié moindre de pulpe, c'est-à-dire 8,750 kilog. Or, comme il est avéré que le fabricant de sucre rend à l'agriculture 7,000 kilog. de pulpe par hectare, la différence d'effet nutritif en faveur de la betterave, n'est plus dès lors que de 1,750 kilog., chiffre tout-à-fait insignifiant, et qui ne peut entrer en comparaison avec les avantages

manifestes d'une industrie véritablement nationale
telle que la sucrerie indigène; industrie qui tient
au sol plus qu'aucune autre, qui donne de l'emploi
à une portion nombreuse de la population rurale
pendant la saison des chômages, qui assure des
travaux et des débouchés considérables à nos ateliers
de construction, à nos extractions de houille et à
une foule de branches accessoires du travail national, industrie, enfin, qui a fait incontestablement accomplir des progrès à l'agriculture, en
répandant, partout où s'étend sa sphère d'action,
ses capitaux, son activité et son intelligence.

Des faits, des observations et des calculs qui précèdent, il résulte, qu'à part les avantages généraux
que la France retire de la sucrerie indigène, et dont
quelques-uns sont d'un ordre supérieur, cette industrie ne nuit en aucune façon à la production
de la viande, et, qu'après avoir extrait le sucre de
la plante, elle rend au sol sous forme de nourriture,
puis sous celle de fumier, la plus grande partie des
matières azotées que celle-ci lui enlève dans l'acte
de la végétation, opérant ainsi une alternance de
culture des plus favorables à la prospérité agricole
du pays. Les 1,800,000,000 kil. de betteraves que
la sucrerie indigène transforme en sucre, sont rendus à l'agriculture sous la forme de 360,000,000 kil.
de pulpe, pouvant nourrir, à l'exclusion totale de
tout autre fourrage, et pendant une année, une

troupe de 22,000 bœufs de 5 à 600 kilog. ou de 220,000 moutons, et produire 240,000 kil. de chair nette pour la boucherie. Si la sucrerie indigène n'arrive pas à résoudre le célèbre problème d'une tête de gros bétail par hectare en culture, elle n'en donne pas moins, pour la même étendue, et en dehors des produits industriels, sucre et mélasse, une masse de fourrage au moins égale à la moyenne de la plupart de nos prairies naturelles. Est-il beaucoup d'industries capables de produire un tel résultat (1)?

Ainsi, sans parler de la production des engrais, dont une fabrique de sucre est une abondante source; sans parler de la supériorité de rendement des blés qui succèdent à une sole de betterave, la sucrerie indigène, loin de nuire à la production de la viande, coopère puissamment à l'entretien et à la multiplication du bétail. Quoi de plus concluant, d'ailleurs, que les chiffres ci-après, inscrits sur l'arc de triomphe élevé à Valenciennes, en 1853, lors du passage de l'Empereur dans cette ville?

Production du blé dans l'arrondissement avant la fabrication du sucre : 353,000 hectolitres; nombre de bœufs : 700. Production du blé depuis le développement de l'industrie du sucre : 421,000 hectolitres; nombre de bœufs : 11,500.

---

(1) Ces calculs sont basés sur une production de 90 millions de kilogr. de sucre; ils doivent nécessairement être augmentés dans la proportion de l'excédant énorme de production que présentera la campagne de cette année.

C'est un fait également avéré, que le département
du Nord tout entier, qui n'avait, en 1825, que
173,000 têtes de gros bétail, en renfermait, en 1840,
227,000, sans compter 300,000 moutons. Enfin,
en 1856, l'arrondissement de Lille, qui produit à
lui seul 10,000 millions de kilogr. de sucre, ce
qui ne l'a pas empêché de fournir un contingent de
650,000 hectolitres de blé, égal à la production des
Bouches-du-Rhône, de la Lozère, et double de celle
des Pyrénées-Orientales; cet arrondissement, comptait 70,901 têtes de gros bétail. Sans doute il faut
tenir compte, dans cette appréciation, de l'agriculture exceptionnelle de l'ancienne Flandre, dont
l'arrondissement de Lille nous offre le plus brillant
spécimen; mais il est juste aussi de remarquer que
la culture de la betterave lui a donné une impulsion
nouvelle, et que partout où elle s'introduira elle
produira les mêmes effets.

Si les intérêts généraux de l'agriculture profitent
largement des avantages attachés à la sucrerie indigène, les cultivateurs, eux aussi, y trouvent leur
compte et sont défrayés par des bénéfices certains
du concours intelligent qu'ils lui apportent. Qu'un
fermier livre à la sucrerie voisine les 35,000 kilogr.
de betteraves qu'il vient de récolter dans un champ
de la contenance d'un hectare, il en retirera, au
cours de 20 francs les 1,000 kilogr., une somme
de 700 fr., de laquelle il faudra déduire la valeur

de la pulpe qui lui est rendue par le fabricant à raison de 20 fr. les 1,000 kilogr., soit 140 fr. pour les 7,000 kilogr. provenant du produit de son hectare; reste net, 560 fr. Si nous supposons, au contraire, qu'au lieu de livrer sa betterave à la sucrerie, il la conserve en silos comme nourriture pour son bétail, il commencera par perdre 50 0/0 sur le poids de ses racines, ce qui en réduira la valeur à 350 fr., il perdra ensuite sur l'effet d'un aliment aqueux, débilitant, relativement inférieur, sans pouvoir arriver aux effets d'engraissement économique qu'il se propose d'obtenir. Aussi n'est-ce point dans le Nord que l'on conserve, ou plutôt qu'on détériore de la betterave pour la donner au bétail : les cultivateurs de cette contrée progressive savent si bien apprécier l'avantage de la pulpe, qu'ils se la réservent par condition expresse de leurs traités avec les fabricants, et que leur empressement à en prendre livraison est tel, qu'ils se font inscrire pour ne pas manquer leur tour. Un pareil empressement prouve le cas que l'on fait, dans un pays si remarquable par ses pratiques agricoles, de cet excellent fourrage.

L'agriculture obtient des effets analogues par l'emploi des résidus des distilleries agricoles. Il a été prouvé, en effet, par des expériences multipliées et par une pratique qui tend chaque jour à s'étendre, qu'on peut élaborer, sous forme d'alcool, tout

le sucre contenu dans les betteraves, sans leur enlever de leurs qualités ou de leur puissance nutritive. Sous ce rapport, la distillation de la betterave
dans la ferme peut rendre à l'agriculture des services signalés, et créer, comme la fabrication du
sucre, un produit industriel à côté d'un produit
agricole d'une utilité reconnue. La Prusse l'a si bien
compris, qu'elle accorde à ses exportateurs d'alcool
une prime de 15 francs par hectolitre : cet État
s'imposerait-il un pareil sacrifice, s'il n'était pas
convaincu que la création d'un grand nombre de
distilleries agricoles est un sûr moyen d'entretenir
plus de bétail, de produire plus de fumure et par
conséquent d'obtenir plus de blé?

III

Tous les bons esprits sont d'accord sur ce point,
que pour faire prospérer l'agriculture, il faut l'as-
socier à l'industrie, afin d'attirer vers elle les capitaux et les intelligences, et lui créer des débouchés
certains et avantageux. Les faits parlent haut pour
montrer l'excellence de ce système, auquel la Grande-
Bretagne doit la plus grande partie de sa prospérité.
On ne peut nier non plus que les brasseries et les
distilleries ont contribué puissamment à la richesse
agricole de la Belgique, et, sans sortir de la France,
il est aisé de remarquer que ce sont nos départe-

ments qui ont le plus d'industrie, qui ont aussi
l'agriculture la plus prospère. Ces riches plaines du
Nord qui nourrissent et entretiennent une population presque aussi considérable que celle du département de la Seine, nous prouvent par l'évidence
d'une prospérité admirable ce que peut faire l'alliance féconde des arts agricoles et de l'industrie
manufacturière.

C'est la culture des plantes sarclées qui, en exigeant des capitaux assez considérables, des labours
profonds et répétés, des soins incessants et l'emploi
des engrais à haute dose, produit cet état prospère
de l'agriculture de l'ancienne Flandre et la place au
niveau de celle des meilleurs comtés de l'Angleterre.
Bien que cette agriculture progressive date de quelque temps, on ne peut mettre en doute que la
culture de la betterave ne lui ait donné une vive
impulsion, et que la fabrication du sucre indigène
n'ait fortement contribué à la prospérité générale
de nos départements du Nord. « L'admirable décou-
» verte du sucre de betterave, a dit il y a déjà long-
» temps M. Morel de Vindé, est dans notre éco-
» nomie politique et nationale une de ces révolutions
» heureuses et rares, dont les contemporains peu-
» vent quelquefois ne pas sentir assez le prix, mais
» auxquelles la postérité finira par marquer la
» place parmi les plus grandes sources de richesse
» agricole et commerciale. » C'est qu'en effet la

betterave, intercalée dans un assolement, quelle que soit d'ailleurs la place qu'elle occupe dans la rotation, ne donne pas seulement des résultats comme produit d'une vente assurée et presque toujours avantageuse, mais fait profiter toute la culture des soins, des engrais et des déplacements qu'elle exige. « Trouver pour chaque localité, dit l'agronome » distingué que nous venons de citer, une plante » non épuisante, dont les produits aient un emploi » ou débit certain, et dont la culture exige dans le » cours de l'année trois binages, sarclages ou but- » tages. » Cette plante est la betterave; c'est elle qui a résolu le problème.

Si nous n'avions pas la certitude qu'en agriculture comme en industrie l'expérience seule peut convaincre, et que les idées les plus utiles, celles qui intéressent le plus les masses, sont précisément celles qui rencontrent le plus d'opposition, nous pourrions à bon droit nous étonner des préjugés qui repoussent la betterave et font considérer cette plante comme prenant une place naturellement réservée aux céréales. Ne croyait-on pas, au moyen âge, que certains engrais animaux, répandus sur les terres, pouvaient amener l'infection dans les plantes? Il y a soixante-dix ans, la pomme de terre, qui forme aujourd'hui le principal aliment d'une partie des populations de l'Europe, était repoussée par des préjugés qu'il fallut toute la persévérance de Parmentier pour faire disparaître; enfin, de nos jours, combien n'a-t-il pas fallu d'efforts pour introduire les prairies artificielles dans la culture?

En agriculture, nous ne datons que d'hier. La plupart des végétaux alimentaires qui jouent aujourd'hui un si grand rôle dans la consommation et occupent une si grande place dans nos cultures, étaient inconnus de nos pères. L'ordinaire des générations contemporaines de Louis XIV ou de Louis XV, n'était pas beaucoup plus varié que celui des tribus orientales, dont le pilau et le couscoussou forment la nourriture exclusive (1). La réduction de l'étendue des jachères, l'emploi mieux entendu des engrais et les nouvelles pratiques agricoles ont permis à la population de s'augmenter et de varier son régime alimentaire, sans que pour cela s'augmentât l'étendue occupée par les céréales, laquelle reste à peu près invariable depuis 1700, et suffit néanmoins à un nombre d'habitants de 10 à 12 millions plus considérable. C'est à ces cultures nouvelles, toujours si mal accueillies, que nous devons cet immense progrès, qui nous permet de vivre sûr

---

(1) Un jour, Catherine d'Aragon, première femme d'Henri VIII, roi d'Angleterre, demanda une salade; le beau royaume d'Angleterre tout entier ne put lui en offrir une seule, et il fallut que le roi Henri fît venir un jardinier de Flandre, pour en cultiver. Il n'y avait pas alors de carottes ni une seule racine alimentaire.

(*Vie des Reines d'Angleterre*, par Agnès Strickland.)

un espace moindre de deux cinquièmes, et nous a sauvés vingt fois de la famine (1).

Il n'y a pas très-longtemps que l'agriculture française, encore aujourd'hui si fort au-dessous de celle de quelques contrées de l'Europe, n'était pas beaucoup plus avancée que celle des nouveaux États de l'Amérique du Nord, où l'art du pionnier consiste à choisir un lot de terrain vierge qu'il défriche, qu'il épuise par des cultures répétées, et qu'il abandonne ensuite à un repos forcé pour aller plus loin chercher de nouvelles terres, sur lesquelles il pratique les mêmes procédés. Avec la jachère, on arrivait exactement aux mêmes résultats, si ce n'est que les champs consacrés au repos étaient à côté de ceux qu'on faisait produire, tandis que le pionnier américain met entre la ferme qu'il abandonne et la nouvelle exploitation qu'il choisit, l'intervalle d'un État quelquefois grand comme la France.

Depuis la révolution de 1789, la propriété rurale se morcelant de plus en plus, et la population prenant un accroissement plus considérable, il fallut bien songer à varier les cultures pour ne pas laisser reposer périodiquement une partie du sol, et à lui ajouter des engrais pour ne pas l'épuiser. De là l'introduction des prairies artificielles et des cultures

_____

(1) Voir à ce sujet, les savantes considérations développées par M. Moreau de Jonnés dans son intéressant travail sur la statistique de l'agriculture de la France.

sarclées ou binées, qui sont partout le signe caractéristique d'une agriculture en progrès, et dont nous remarquons le plus grand développement dans les contrées qui tiennent la tête de la civilisation et de l'industrie.

Nous pensons avoir suffisamment établi que les 52,000 hectares de terrain occupés par la betterave à sucre, après avoir fourni à l'industrie une substance qui joue un très-grand rôle dans l'économie animale, et qu'il n'est plus permis de considérer comme un objet de luxe, fournissaient à l'agriculture une précieuse nourriture, dont il faudrait demander l'équivalent à la même étendue de prairies naturelles. Nous allons nous efforcer maintenant de démontrer que la culture de cette racine ne nuit en aucune façon à la production du blé, et qu'elle l'augmente, au contraire, dans une proportion très-notable. Cette assertion, contraire à l'opinion généralement reçue, repose sur des faits irrécusables.

La betterave est une plante épuisante pour elle-même, cela n'est pas douteux, et ses adversaires auraient raison de combattre l'extension de sa culture, si les fermiers qui la produisent pour les sucreries ou les distilleries la répétaient successivement dans le même terrain; mais ils connaissent trop bien leurs intérêts pour commettre cette faute; et l'expérience a fait passer chez eux, à l'état de

pratique traditionnelle, les prescriptions de la loi
naturelle des assolements. Sans doute, quelques
fabricants-cultivateurs, ne pouvant trouver dans le
rayon de leurs usines un approvisionnement suffisant pour leurs râpes, ont pratiqué parfois le mode
vicieux de culture que nous signalons ; toutefois,
on ne peut rien conclure de cette exception, qui
ne pourrait se généraliser que sous peine d'une
déchéance certaine, à laquelle nos fabricants sont
trop prudents et trop éclairés pour s'exposer. Rien
n'est donc moins fondé que les reproches qu'on fait
à la betterave d'occuper la place des céréales. La
vérité est que cette plante est presque toujours
placée sur une terre qui a produit du blé dans
l'année précédente, de sorte que s'élever contre la
culture de la betterave, c'est dire qu'il faut produire
tous les ans du blé sur le même terrain : erreur
agronomique qui n'est pas soutenable, qui est dé-
mentie par l'expérience, qui nous ramènerait à la
jachère morte et nous ferait rétrograder d'un siècle.

C'est un fait de physique végétale bien connu,
que les mêmes végétaux ne se plaisent pas toujours
dans les mêmes terrains, et que les plantes, comme
les hommes, aiment à changer de place. On voit des
familles de plantes envahir des terrains, puis céder
la place à d'autres qui viennent s'y établir à leur
tour. Les arbres, eux-mêmes, subissent la loi
naturelle de l'alternance, et présentent parfois de

curieux exemples de cette rotation que la science
agronomique s'efforce d'introduire dans nos cultures. On sait également que la présence de l'homme
modifie partout la flore indigène des pays où il vient
s'établir, et que les plantes suivent ces grandes
migrations humaines, qui, depuis les temps histo-
riques, se font d'Asie en Europe et en Afrique, et
d'Europe en Amérique. L'agriculture profite de ces
translations, auxquelles se prêtent les animaux et
les forces vives de la nature elles-mêmes; aussi la
variété de notre domaine agricole s'accroît-elle tous
les jours. Cette multiplicité de nos cultures nous a
été favorable au plus haut point, et les populations
ne sont plus réduites à compter sur une seule
récolte et à vivre exclusivement de céréales. D'un
autre côté, depuis l'introduction des plantes alimentaires ou industrielles, les terres ensemencées en
blé sont plus généreuses et rendent près de 13 hectolitres à l'hectare, tandis qu'elles n'en produisaient
que 8 sous Louis XIV, époque où florissait la
jachère, où la betterave était inconnue, où les
céréales se succédaient sans interruption : le Nord,
qui possède la plus grande variété de cultures,
produit 21 hectolitres. Rien ne justifie mieux la loi
des assolements, et ne prouve davantage que la betterave ne nuit aucunement à la production du blé.

La betterave enlève au sol une proportion assez
considérable d'azote; mais cet azote, nous l'avons

10

déjà dit, reste presque entièrement dans les pulpes,
et se retrouve dans le fumier. Or, comme il est
notoire que les pulpes de sucrerie se consomment en
totalité dans l'endroit qui alimente ces établissements
de matière première, il est établi, dès lors, que la
betterave rend à la terre, sous différentes formes
et après diverses transformations, la plus grande
partie des principes azotés qu'elle lui a empruntés.
On n'a jamais remarqué que la betterave fût nuisible aux céréales qui lui succèdent; il résulte, au
contraire, de l'observation des faits, que le blé
qui vient après la betterave sur une sole suffisamment fumée, fournit des rendements d'un quart à
un tiers plus élevés. Les épis sont plus grands et
plus lourds, la paille plus forte et moins longue;
il est, par cette raison, peu susceptible de verser.
Après l'ensemencement de blé succédant à une betterave, il n'y a presque plus rien à faire jusqu'à la
moisson, tant la terre a été nettoyée et ameublie
par les labours et les binages qu'exige une plante
sarclée. L'avoine, l'orge, les plantes oléagineuses,
donnent pareillement, après la betterave, des produits abondants, ce qui prouve que cette plante n'a
point sur le sol l'action épuisante qu'on lui attribue
si gratuitement.

La question d'un rendement plus considérable
d'un blé succédant à une betterave, à supposer
qu'elle ne fût pas résolue affirmativement par des

enquêtes officielles et des observations particulières
dont on ne peut contester l'exactitude, serait d'ailleurs tout à fait secondaire. Il s'agit simplement de
savoir si la betterave forme ou non le pivot d'un
assolement rationnel, ou peut s'intercaler avec
avantage dans une série de cultures. Sur ce point,
le doute n'est pas possible. La betterave, en tant
que plante fourragère, n'a point d'adversaires; sa
culture est recommandée par les hommes les plus
étrangers aux intérêts de la fabrication du sucre.
Par quelle contradiction la betterave à sucre, qui,
en dehors de ses éléments sacharifères, fournit,
par ses résidus, une somme d'aliments si considérable à l'agriculture, serait-elle proscrite? Où trouverait-on une plante plus propre à enrichir, à
nettoyer, à ameublir le sol? Où trouverait-on une
meilleure source d'aliments pour les bestiaux, sans
lesquels il n'est point d'exploitation agricole possible? Les fumiers qui retournent au sol profitent à
toutes les cultures, et la betterave en produit une
masse énorme. Est-il beaucoup de plantes qui pro-
curent de pareils avantages à l'agriculture? Et le
blé, qui se répète si souvent dans le même terrain,
qui s'exporte au loin, qui se consomme en très-
grande partie sans faire aucun retour au sol, n'est-
il pas beaucoup plus épuisant, et ne serait-il pas
moins populaire, s'il n'était destiné directement à
la nourriture de l'homme, et passé tellement dans

nos habitudes, qu'en dehors de ce produit, qui
pourtant nous fait défaut si souvent, nous croyons
qu'il n'y a point de salut (1)?

Le peuple romain, au temps des Césars, regar-
dait si les galères de l'Afrique ou de la Sicile lui
apportaient la sportule : ainsi tous nos regards sont
tournés vers nos champs de blé. Qu'un épi sur dix
vienne à manquer, et nous voilà exposés aux dangers d'une disette ou tout au moins soumis à
l'inconvénient d'exporter à l'étranger 2 à 500 millions de numéraire, et de payer tout un monde de
voituriers! Nous devrions, par une culture plus
intense et plus variée, nous mettre à l'abri de ces
funestes crises. C'est un vœu exprimé par les
hommes les plus compétents, que tous nos efforts
doivent être employés à augmenter la consommation de la viande parmi les classes populaires, et
à diminuer, par conséquent, les embarras qui
résultent d'un déficit dans une récolte unique. Il
faut le reconnaître, de notables progrès ont été
accomplis dans cette voie depuis quelques années (2).
De quelle sollicitude ne devrait donc pas être en-

. (1) La vente de chaque hectolitre de blé diminue l'avoir du cultivateur de près
de 2 kilog. de phosphates de chaux, de potasse et de magnésie.

(2) Dans son discours au dernier concours général annuel d'animaux de boucherie de Poissy, S. Exc. M. Rouher, ministre de l'agriculture et du commerce,
nous apprend que la consommation annuelle de la viande, dans les dix régions
agricoles de la France, a présenté dans la dernière période une augmentation
annuelle de 7 p. o/o pour chaque individu, et de 16 à 17 p. o/o pour la consommation de Paris.

tourée une industrie qui, en dehors de services productifs considérables, trouve moyen de produire annuellement 240,000 kilog. de viande; qui, en outre, loin de nuire à la production du blé, peut l'augmenter de 260,000 hectolitres (1), et subvenir ainsi à la consommation de 125,000 individus appartenant à la grande communauté nationale, c'est-à-dire à une population égale à celle du département des Hautes-Alpes? Devant de pareils faits, dont on peut acquérir la certitude dans toutes les enquêtes auxquelles a donné lieu la sucrerie indigène, et dans l'exposé desquels l'imagination ou une trop grande ardeur à la cause n'a pas la moindre part, on ne comprend pas l'opposition injuste dont elle est l'objet. Pour notre part, nous mettons cette belle et féconde industrie, qui nourrit chaque année autant d'hommes que les guerres de l'empire en pouvaient détruire, au premier rang des créations pacifiques de l'homme extraordinaire qui en a doté la France, car elle lui survit et remplira un rôle qu'il lui a été donné en très-grande partie de prévoir !

Il est impossible de ne pas reconnaître que la fabrication du sucre indigène a trouvé l'agriculture des Flandres dans un état de remarquable perfectionnement, et que de bonnes méthodes culturales

(1) Ce calcul est basé sur un excédant de rendement de 5 hectolitres par hectare.

étaient déjà en usage dans cette contrée avant l'introduction de la betterave à sucre ; mais c'est précisément parce que cette industrie a rencontré là un
terrain suffisamment préparé, qu'elle s'y est établie
de préférence à toute autre localité ; la culture de la
betterave implique une agriculture en progrès ; là
où elle ne trouve pas de bonnes pratiques agricoles,
elle ne tarde pas, par son influence, à en déterminer l'usage. Une fabrique de sucre est un foyer d'où
rayonne incessamment et nécessairement ce progrès,
si lent d'ailleurs à réaliser, et qu'on n'obtient que
par la force de l'exemple. Aussi a-t-on vu l'agriculture du Nord de la France, déjà si avancée à l'époque où il fut question d'extraire en grand le sucre
de la betterave, prendre un nouvel essor, s'élever
promptement au niveau de l'agriculture anglaise,
et offrir à la France l'exemple d'un département
presque aussi peuplé que celui de la Seine, nourris-
sant sa population, entretenant tous ses bras, et
répandant partout l'aisance et la richesse.

Dans le cours de cette remarquable période de
progrès que la génération contemporaine a vu s'accomplir, l'industrie du sucre de betterave a pris
dans le sol de telles racines, qu'on ne peut songer
sans s'effrayer aux conséquences qui seraient la
suite d'un simple temps d'arrêt dans sa production,
et à plus forte raison d'une décadence. Le dessè-
chement des marais, la suppression des dernières

jachères, l'augmentation des revenus des impôts
indirects, ainsi que celle de la propriété foncière,
les relations établies entre propriétaires et fermiers
en vue de cette industrie, à laquelle un si grand
nombre des premiers sont intéressés, celles entre
maîtres et ouvriers, et enfin entre l'industrie principale et les industries accessoires qui lui apportent
leur concours, tout cela constitue un ordre économique auquel il serait difficile de toucher sans
s'exposer à de dangereuses perturbations, et embrasse un cercle d'intérêts bien autrement large que
celui que les adversaires de la sucrerie indigène
savent si habilement mettre en jeu.

Parmi ces intérêts, un des plus grands est la production du fumier, qu'on a si justement reproché
au décret qui interdit la distillation des grains
d'anéantir. La betterave est assurément une plante
qui prend beaucoup de principes azotés au sol, et
qui, à ce point de vue, pourrait être rangée dans la
catégorie des plantes épuisantes; mais quelle somme
énorme d'engrais puissants les diverses phases de
son emploi ne rendent-elles pas à ce sol qu'elle n'a
point épuisé, en définitive, depuis vingt-cinq ans
qu'on l'y cultive! Ainsi, nous avons établi de la
manière la plus irrécusable, que les résidus de la
masse de betteraves qui est consacrée en France à la
fabrication du sucre, pouvaient entretenir annuellement une troupe de 22,000 bœufs. Or, des bœufs

nourris à la pulpe produisent 50 kilog. de fumier normal, dosant au moins 0,41 0/0 d'azote, soit 10,950 kilog. par an, ce qui fait en totalité la quantité énorme de 240 millions 900,000 kilog., sans parler du purin ou engrais liquide, que nous négligeons, parce que l'art de le recueillir n'est point encore universellement répandu, et que nous ne voulons prendre nos données que dans des faits bien établis. En fumant à raison de 50,000 kilog. par hectare, fumure qui suffit à un assolement triennal dont la rotation commence par une betterave, nous trouvons que les résidus provenant de l'emploi de la pulpe comme nourriture, peuvent fumer tous les ans une étendue de 4,818 hectares.

En outre de cette quantité considérable de fumier, les sucreries indigènes livrent à l'agriculture un engrais puissant titré à 0,54 0/0 d'azote. Nous voulons parler des écumes de défécation. Cet engrais à base de chaux, qui agit en même temps comme amendement, forme chaque année une masse de 90 millions de kilog., équivalant à 120,000 tonnes de fumier normal pouvant fumer copieusement une étendue de 2,400 hectares.

D'un autre côté, les boues de lavoir provenant du nettoyage de la betterave, mélangées d'une quantité considérable de feuilles, radicules et divers détritus organiques, peuvent fumer, au même degré, au moins 1,500 hectares.

Enfin, les feuilles tombées pendant la végétation
de la betterave, les petites racines, les feuilles et le
collet, dont on dépouille cette plante au moment
de l'arrachage, et qui ne forment pas moins ·de
20,000 kilog. par hectare, représentent, de l'aveu
de tous les agriculteurs, une bonne demi-fumure,
et doivent certainement, bien qu'on ne puisse les
compter comme engrais, figurer dans les avantages
que procure au sol la culture de la betterave.

A cette somme d'engrais fournie par la betterave,
il faut ajouter 72,000 hectolitres résidus de noir
animal, qu'elle expédie annuellement dans la Loire-
Inférieure, pour servir à l'agriculture des provinces de l'Ouest, où cet engrais à base de phosphate produit merveille. En supposant la dose de
15 hectolitres à l'hectare, c'est une étendue de 4,800
hectares que la · sucrerie indigène arrive à fumer
annuellement par la production d'un engrais qui
n'existerait pas sans elle, ou du moins qu'il faudrait
remplacer par des os en poudre ou des phosphates
artificiels (1).

En réunissant les diverses étendues fumées par
les engrais dont l'énumération précède, fumiers
d'étable, écumes de défécation, boues de lavoir,
résidus de noir, on trouve une superficie totale de

---

(1) Voir à ce sujet, les remarquables travaux de M. Bobierre, chimiste-vérifi-
cateur en chef des engrais de la Loire-Inférieure.

15,518 hectares, c'est-à-dire le quart de tous les
terrains occupés par la betterave. Arriverait-on à
un résultat supérieur par l'emploi direct de la betterave fourragère ou des produits d'une étendue
égale de prairies artificielles? Là est évidemment
toute la question.

Supposons que les 52,000 hectares de terrain
occupés par la betterave à sucre soient occupés par
la betterave fourragère ou convertis en prairies ;
supposons encore que le rendement de ces racines
ou de ces fourrages soit tel, qu'on puisse arriver à
nourrir une tête de gros bétail par hectare : en
faisant la part si large à un système opposé à celui
que nous préconisons, arrivera-t-on néanmoins à
produire une masse de fumier plus grande, et à
augmenter par conséquent, dans une plus forte
proportion, les forces productives du sol? Les chiffres nous disent le contraire. En effet, si 52,000
têtes de gros bétail sont entretenues par an, c'est
une production de 569,300,000 kilog. de fumier,
représentant la fumure de 11,386 hectares, étendue d'un sixième inférieure à celle qui résulte de
l'emploi de tous les engrais fournis par la sucrerie
indigène. Quelle meilleure preuve que la betterave
à sucre, tout en contribuant dans une large proportion à la production de la viande et du blé, tout
en élaborant un produit que l'industrie des tropiques ne suffit plus à fournir à l'Europe, rend au

sol la plus grande partie de ce qu'elle lui enlève,
lui rend autant, sinon plus que n'importe quelle
autre plante, et ne vit en aucune façon aux dépens
des cultures alimentaires proprement dites, parmi
lesquelles, au contraire, il serait juste de la placer!

Nous ne saurions trop insister sur ce fait si important, que la culture de la betterave trouve en
en elle-même, dans une très-grande proportion,
les engrais qui lui sont nécessaires, et que, par un
enchaînement dont l'agriculture rationnelle nous
offre l'exemple, les résidus d'une récolte profitent à
toutes les autres. A supposer, ce qui ne peut guère
être admis, que tout l'engrais appliqué à l'assolement dont la betterave est le pivot, fût absorbé par
cette plante, elle n'épuiserait pas les principes fer-
tilisants du sol pour cela, et n'en préparerait pas
moins le terrain, d'une manière admirable, pour
les récoltes suivantes. Qu'on cesse donc de considérer la culture de la betterave comme étant sans
compensation, et qu'on relègue les préjugés qui la
poursuivent au rang des chimères dont se nour-
rissait l'agriculture avant Olivier de Serres et
Arthur Young. Les gens du monde qui affirment
avec tant de légèreté que la culture de la betterave
nuit à la production du blé, émettent une opinion
qui n'est pas plus fondée que les préjugés populaires
qui attribuent à la fumée des locomotives la maladie du raisin et des pommes de terre, ou à

M. Pereire la hausse des sucres. Il serait bien temps
de reconnaître une erreur qui a son excuse dans
le peu de cas qu'on faisait naguère de l'agriculture,
et dans l'ardeur passionnée que des intérêts locaux
mettaient à poursuivre une industrie qui est atta-
chée au sol par des liens si naturels, qu'on citerait
difficilement un agronome distingué qui n'ait pris
sa défense.

IV

La production de richesses agricoles telles que
la viande et le blé, n'est pas le seul avantage qui
résulte de la culture de la betterave; parmi les plus
considérables et les moins discutables, nous devons
placer la somme de salaires que la sucrerie indigène
fournit chaque année à cette partie des classes
rurales qui a pendant l'hiver la libre disposition
de ses bras, et qui comprend les manœuvriers, les
petits propriétaires et les petits fermiers. Dans les
cantons où la fabrication du sucre s'est établie, il
n'est pas rare d'entendre les bourgeois campagnards
ou quelques-uns des rares fermiers que la culture
de la betterave n'a point ralliés, maugréer contre
cette industrie et l'accuser hautement de l'élévation
des salaires. Cette accusation est articulée surtout
dans les contrées où la configuration du sol ou la
nature du climat permet une certaine variété de

cultures, et laisse la production de la betterave au second rang, dans les pays viticoles par exemple. La sucrerie indigène ne peut que s'honorer de ce reproche, qui est fondé, et n'a point à se disculper d'un fait aussi heureux que celui de l'élévation des salaires; il serait à souhaiter que la diffusion ou l'établissement d'industries analogues permît à ce fait de se généraliser, et à nos populations rurales d'atteindre, chez elles, ce salaire élevé qu'elles ne trouvent que dans les villes, et qui les pousse si fatalement à en venir augmenter encore la regrettable agglomération.

La fabrication du sucre de betterave n'est point au rang de ces industries qui attirent dans de grands centres industriels une population surnuméraire qu'à la moindre crise elles jettent sur le pavé, ou dont elles réduisent le salaire par la compétition des bras, créant ainsi des misères que la philanthropie s'efforce vainement de soulager, et que l'on voit dans les mauvais jours prêtes à accuser ou à attaquer tous les gouvernements établis. Les sucreries indigènes ne commencent leurs travaux qu'après les récoltes d'automne, c'est-à-dire au mois d'octobre, et se trouvent, par la loi même de leur existence, réparties sur des points assez éloignés les uns des autres, ne s'adressant qu'à la population rurale et ne lui demandant ses bras que dans la saison des chômages. C'est à l'époque où les travaux

des champs ont cessé presque complètement, et où
un petit nombre d'ouvriers suffit au fermier pour
battre son blé et préparer ses labours d'hiver, que
les travaux considérables des fabriques de sucre
interviennent, réclamant tous les bras disponibles
de la commune, y compris ceux dès femmes et des
enfants, pour les rendre à l'agriculture précisément à l'époque où celle-ci en a besoin. Il n'y a
point de paupérisme dans les localités où cette industrie existe : les pauvres et les nécessiteux ont
disparu du registre des comités de bienfaisance
pour passer sur le livre de quinzaine du fabricant
et toucher à sa caisse le prix de leur travail !

Aussi, dans les campagnes de la Flandre et de
l'Artois, où elle est actuellement le plus répandue,
cette industrie est-elle très-populaire; l'approche
des travaux de la fabrication du sucre y est attendue
avec autant d'impatience que l'époque de la rou-
laison dans nos Antilles, ou des vendanges dans le
Midi. C'est en effet la vendange du Nord; car ce jus,
qui coule sous l'action puissante de la presse, va
se transformer, par les soins de l'industrie, en une
série de produits plus variés que ceux de la vigne,
lesquels se répandront dans tous les points de la
France, mais dont une partie de la valeur reviendra
au lieu de la production. Les 282 sucreries indigènes qui existent actuellement ne versent pas moins
de 12 millions de francs en salaires : cette somme

est répartie entre 40,000 ouvriers des deux sexes,
occupés du commencement d'octobre au mois de
mars; les femmes et les enfants figurent pour un
cinquième environ dans ce nombre. Nous ne parlons point des ouvriers employés à l'arrachage, au
décolletage et au transport de la betterave, pas plus
que de ceux qui sont employés par les industries
auxiliaires de la fabrication du sucre. Les 40,000
ouvriers dont il est ici question sont ceux qui tra-
vaillent à la manipulation de la betterave dans l'intérieur des fabriques; les 12 millions de francs
qu'ils reçoivent sous forme de salaires sont consacrés exclusivement à la rémunération des opérations qui ont trait à l'extraction du sucre. N'est-ce
pas là un service productif de premier ordre; et
cette somme, double de celle qui compose le budget
du travail industriel d'un grand nombre de nos
départements, ne profite-t-elle pas tout entière à
une partie de la classe ouvrière rurale, laquelle,
sans cette ressource, frapperait tous les hivers à la
porte des riches ou des dépôts de mendicité?

C'est un fait bien reconnu qu'il n'existe plus de
mendiants dans le rayon des fabriques de sucre, et
qu'une foule de malheureux, qui naguère ne pouvaient vivre qu'en s'adressant à la commisération
publique, ont passé à l'état d'honnêtes ouvriers et
perdu complètement leurs habitudes de mendicité.
Une sucrerie appelle à elle, pendant une partie de

l'année, tous les bras disponibles d'une commune, et se trouve souvent obligée de recourir aux femmes et aux enfants, à qui elle assure d'ailleurs un travail incomparablement plus doux que celui des autres manufactures, et des conditions de santé auxquelles les prescriptions les plus sévères de l'hygiène publique trouveraient peu de chose à redire. Il n'y a rien, par exemple, qui ressemble moins à une filature qu'une sucrerie en activité : une partie des travaux, notamment ceux des femmes et des enfants, se font en plein air ou dans de vastes ateliers parfaitement aérés, tels que celui de la râpe; quant aux autres opérations, il n'en est aucune qui soit insalubre. Quelques ateliers présentent sans doute une température un peu élevée, mais qu'on supporte aisément à cette époque de l'année, et qui occasionne, la plupart du temps, plus de bien-être que d'incommodité. Si les médecins de campagne, plus à même que personne de faire la statistique médicale des fabriques de sucre, où, par les soins des fabricants, leurs secours sont généralement acquis aux ouvriers, étaient consultés, ils attesteraient que cette partie spéciale de leur clientèle ne se compose guère que de blessés par imprudence ou par maladresse, et que les cas de maladie, provenant d'un excès de travail ou de miasmes dangereux, ne se présentent que bien rarement.

Il n'est pas difficile de comprendre que cette

industrie, par les services qu'elle rend à la population des campagnes, en lui procurant une occupation qui lui plaît et une somme de salaires qui vient comme par surcroît de ses ressources habituelles, prévient l'émigration et arrête, dans les lieux où elle est cantonnée, ce courant funeste des classes rurales vers les villes. Le paysan, ce nous semble, aime naturellement son village, comme l'Indien aime sa forêt et le Bas-Breton son rocher; la nécessité seule le force à le quitter et à changer ses habitudes. Qu'une fabrique s'élève, qu'une occupation qui lui apporte l'aisance lui soit procurée, il ne songe plus à abandonner ses foyers. Le Nord est couvert de fabriques rurales; sur tous les points de l'horizon les cheminées le disputent aux clochers; aussi l'on ne voit point la population rurale émigrer, tandis que les habitants de nos plus pauvres départements, tels que la Corrèze, le Cantal, l'Aveyron, où l'industrie n'existe pas, où l'agriculture est en retard, où la population des campagnes n'a point de ressources, viennent envahir nos villes avec une persistance qui nous créera dans l'avenir de sérieux embarras.

La fabrication du sucre de betterave, qui est un si puissant instrument de progrès pour l'agriculture, est donc aussi un moyen excellent de fixer la population rurale dans les campagnes, et empêcher ses éléments les plus vivaces de se disperser.

Sous ce rapport, elle rend à la société d'importants
services, et peut, en s'étendant au-delà des régions
où elle s'est circonscrite jusqu'à ce jour, coopérer
efficacement à la solution d'un problème économique, qui d'ailleurs n'est pas facile à résoudre.
Les perturbations qui résultent de ce déclassement
fâcheux des populations qui vivent directement du
sol ont été signalées récemment à l'attention publique, de sorte qu'il y a un intérêt d'actualité dans
les moyens qu'on peut proposer pour les combattre :
nous pensons que l'extension de l'industrie rurale
du sucre indigène, à quoi il faut ajouter, pour être
juste, l'établissement de distilleries agricoles, est
au premier rang parmi ces moyens. D'un autre
côté, aux yeux de l'homme d'État qui voit dans le
développement instantané de forces militaires im-
posantes des gages de sécurité et d'indépendance
nationale, l'établissement de grandes industries
rurales n'importe pas moins. On a dit qu'il fallait
une marine marchande nombreuse pour entretenir
une marine militaire qui pût faire respecter notre
pavillon sur tous les points du globe; mais il faut
aussi des paysans pour faire des soldats, il faut de
ce sang généreux qui coula tant de fois à flots pour
la défense du territoire; et, sous ce rapport, les
quarante mille ouvriers que la sucrerie indigène,
dans son développement encore si restreint, fixe au
sol, fourniraient un contingent qui ne serait pas à

dédaigner. Leur patriotisme ne saurait être mis en
doute. Les Lillois, par leur belle défense en 1793,
ont prouvé que le progrès industriel et agricole
n'était point incompatible avec les vertus civiques
et militaires !

Dans l'industrie, comme dans les sciences, tout
est solidaire; le progrès d'une des branches de
travail implique le progrès de toutes les autres.
C'est ainsi que la sucrerie indigène, trouvant dans
le Nord une agriculture déjà avancée et des moyens
d'exploitation industrielle, a commencé par s'y
établir et y a prospéré, avant d'avoir cette tendance
à se répandre sur d'autres points que nous lui
remarquons aujourd'hui. Autour de cette industrie
principale se sont groupées des industries accessoires dont l'existence se trouve intimement liée
à la sienne, et qui, à leur tour, sont la source de
services productifs qu'on ne peut méconnaître, et
qui doivent jouer un certain rôle dans la question
des sucres. Lorsqu'il a été question de supprimer
la sucrerie indigène, il n'a point été parlé de ces
laborieux et utiles auxiliaires d'une industrie dont
la puissance fécondante a jeté partout des racines
dans le sol national, et créé un vaste réseau d'intérêts dont il serait difficile de la séparer sans de
redoutables perturbations.

La consommation de la houille, dans les sucreries
indigènes, représente le treizième de la production

totale de la France (1); il fut un temps où elles
étaient le principal aliment de nos établissements
houillers, qui leur doivent certainement une partie
de leur prospérité. Depuis l'établissement des chemins de fer, cette clientèle est devenue plus secondaire; mais il s'en faut qu'elle soit à dédaigner.

La sucrerie indigène fait vivre exclusivement les
nombreuses fabriques de noir animal du Nord,
lesquelles s'alimentent d'os dans presque toutes les
régions de la France, et donnent à ce produit une
valeur commerciale qui, dans ces derniers temps,
a atteint un taux considérable. L'emploi du noir en
grain, qui prend des proportions de plus en plus
grandes, et sans lequel la fabrication du sucre
serait impossible, crée annuellement une masse de
résidus qu'on peut évaluer à 72,000 hectolitres,
ce qui permet à la sucrerie indigène de livrer tous
les ans, ainsi que nous l'avons déjà vu plus haut,
à l'agriculture de l'ouest de la France, un engrais à
base de phosphate de chaux, qui ne serait pas produit sans son intervention, ou qui du moins reviendrait à un prix beaucoup plus élevé. Le besoin de
cet engrais est devenu si grand dans la Loire-Inférieure et les départements limitrophes, que Nantes,
centre de ce commerce important, en tire de tous
les points de l'Europe; le contingent fourni par

_____

(1) Cette production a été en 1855 de 64 millions de quintaux métriques.

la sucrerie indigène, représente plus d'un million de francs, que sans elle il faudrait aller porter à l'étranger.

La fabrication du sucre de betterave a de nombreux et importants rapports avec l'industrie mécanique et la construction. La statistique des frais de premier établissement des sucreries indigènes existant actuellement, nous révèle une valeur de 60 millions, dont 40 millions représentent la part afférente aux appareils et machines; le reste est représenté par les bâtiments d'exploitation. On ne peut guère assigner aux machines une durée de plus de douze à quinze ans; de sorte que l'industrie du fer et du cuivre, c'est-à-dire nos ateliers de chaudronnerie et de mécanique, trouvent dans la fabrication du sucre de betterave une somme de travaux qui ne s'élève pas à moins de 3 millions par an, sans parler des travaux extraordinaires provenant de l'établissement de nouvelles usines, ce qui peut doubler ce dernier chiffre, et le porter par conséquent à 6 millions. La sucrerie indigène possède une force motrice de 3,600 chevaux-vapeur, produite par 500 machines, c'est-à-dire par un nombre trois fois plus élevé que celle possédée par un département tel que la Loire-Inférieure, où règnent pourtant une certaine activité industrielle et un grand commerce maritime. Ainsi qu'on le voit, l'industrie de la construction des machines est fortement intéressée au développement de la fabrication du sucre de betterave, qu'elle compte dans sa meilleure clientèle, aussi bien en France qu'à l'étranger, en Russie notamment, et à laquelle elle a fait, du reste, par l'introduction d'ingénieux appareils, tels que la turbine, accomplir dans ces derniers temps de remarquables progrès (1).

Nous avons aussi à parler d'une industrie considérable créée par l'emploi d'un produit de la sucrerie indigène, produit que naguère on répandait sur les champs, ou qu'on laissait couler dans les ruisseaux, et qui, aujourd'hui, donne lieu à une production d'alcool suffisante pour alimenter la moitié de nos exportations (2), si la France était à même d'exporter cet article, dont elle avait, il y a peu de temps encore, pour ainsi dire le monopole : nous voulons parler de la distillation des mélasses.

La mélasse est, comme on le sait, le résidu incristallisable de la fabrication du sucre. Bien qu'elle en contienne encore une proportion qui va jusqu'à 50 ou 60 0/0 de son poids, le sucre, se

(1) Parmi les constructeurs qui ont le plus fait pour cette industrie, et dont les appareils sont connus dans le monde entier, nous devons citer MM. J.-F. Caïl et Cᵉ. Leurs appareils à triple effet et leur nouveau système de générateur tubulaire, peuvent et doivent, en réduisant la dépense du combustible dans une proportion énorme, faire accomplir à cette industrie un progrès qui lui permettra de sortir de la situation difficile où elle se trouve aujourd'hui. La sucrerie indigène n'a point dit son dernier mot, tant s'en faut; nous pensons même que, sous le rapport de la dépense du combustible, elle est encore dans sa période d'enfance.

(2) En 1852, l'exportation a été de 295,000 hectolitres.

trouvant mêlé à des matières étrangères de nature différente, et notamment à des sels de soude et de potasse, ne peut, par aucun des moyens usuels, être amené au point de cristallisation. Toutefois, dans ces derniers temps, M. Dubrunfaut a pu, au moyen des réactions de la baryte, extraire de très-beau sucre de la mélasse; mais la nature vénéneuse de cette base, et les difficultés économiques qui furent créées à la nouvelle industrie par la concurrence des distilleries et par les exigences du fisc, ont fait abandonner ce curieux procédé, sur lequel les circonstances permettront peut-être de revenir un jour. Actuellement, sauf une portion insignifiante transformée en vinaigre par la fabrication de la céruse, dans les environs de Lille, la mélasse des sucreries indigènes est en totalité convertie en alcool et en une matière alcaline, désignée sous le nom de potasse brute (1), avec laquelle on peut aisément faire de la potasse raffinée et divers sels de soude, jouissant d'une certaine faveur dans le commerce.

N'est-ce pas là une industrie aussi intéressante qu'utile, créée tout entière par la betterave, et qui mérite la plus sérieuse attention? Des résidus d'une humble plante, d'une matière considérée jusqu'alors comme sans valeur, d'un produit qu'on était ha-

(1) Carbonate de soude, de potasse, chlorure de potassium, sulfate de potasse.

bitué à ne voir que chez l'épicier au détail, l'industrie trouve moyen d'en tirer 112,500 hectolitres d'alcool, c'est-à-dire le quart de ce que la distillation du vin dans le Midi produit dans les années d'abondance, plus 4,500,000 kilog. d'un produit alcalin, rival de la soude marine et des potasses d'Amérique !

Les distilleries de mélasse opèrent sur 45,000,000 de kilogr. de matière première, qu'elles paient 25 fr. les 100 kilog.; elles en retirent, en vendant l'alcool 120 fr. l'hectolitre et la potasse brute 50 fr. les 100 kilog., une somme de 15,750,000 fr.; la différence représente le bénéfice du fabricant, les frais de fabrication, qui comprennent les transports, le salaire, le combustible, les futailles, l'entretien des machines, etc. C'est un chiffre de 4,500,000 fr. à ajouter aux services productifs créés par la sucrerie indigène.

A ces industries accessoires principales, vivant sous la dépendance de la sucrerie indigène ou créées par elle, nous en ajouterons d'autres qu'elle contribue singulièrement à faire prospérer, telles que la fabrication des tissus de laine, coton et toile, les fours à chaux, les fabriques d'huile et de produits chimiques, les chemins de fer, les canaux, l'industrie des transports en général, etc. Le tableau suivant donnera une idée de tous les services productifs que la décadence de la sucrerie indigène mettrait à néant, et que son extension peut augmenter dans la proportion même de ses progrès :

Salaires......................	12,000,000 fr.
Houille......................	7,000,000
Produits chimiques et objets divers.	4,800,000
Transports des sucres, mélasse et houille......................	4,300,000
Appareils et machines...........	3,000,000
Bâtiments et constructions........	2,000,000
Distillation de la mélasse........	4,500,000
Tissus divers..................	2,500,000
Os..........................	2,700,000
Services divers................	3,500,000
	46,300,000 fr.

En résumé, l'industrie du sucre indigène achète pour 45 millions de produits à l'agriculture ;

Elle lui rend pour 4 millions de pulpes et d'engrais ;

Elle livre au commerce pour 90 millions de sucre et de mélasse ;

Elle dépense en services productifs de toute sorte 46 millions ;

Elle paie au trésor une somme de 50 millions.

Cette statistique parle d'elle-même, et démontre mieux que toutes les considérations que nous pourrions émettre à l'appui, quelle est l'importance de

la sucrerie indigène, et comment, par les intérêts
agricoles et manufacturiers qu'elle met directement
ou indirectement en jeu, elle a pu prendre sa
place au premier rang de nos grandes industries
nationales.

FIN DE LA DEUXIÈME PARTIE.

DE LA FABRICATION DU SUCRE DE BETTERAVE

TROISIÈME PARTIE

1

Il y a près de trois siècles que les Portugais, les Espagnols, les Français, les Hollandais, ont commencé à faire du sucre dans leurs établissements du nouveau monde ; depuis la même époque, le commerce des principales nations maritimes de l'Europe demande aux plus riches contrées de l'Inde et de l'Amérique les produits de la canne ; le sucre nous vient aujourd'hui des points les plus éloignés du globe : la Chine, la Cochinchine et jusqu'au royaume de Siam, sont appelés à nous en fournir. A en juger par ce vaste rayon d'approvisionnement, qui embrasse presque toutes les régions équatoriales, le sucre ne devrait pas nous manquer, et l'industrie coloniale aurait dû, depuis longtemps, être en mesure de fournir exclusivement à la consommation permanente et croissante de toute l'Europe. On se demande, dès lors, comment une humble plante, qui était à peine connue il y a un demi-siècle, et qui n'est mise en œuvre, sur une certaine échelle, que depuis une vingtaine d'années, a pu donner lieu à une industrie si considérable; comment, en un mot, la betterave a pu entrer si rapidement en concurrence avec sa splendide rivale des tropiques.

On peut dire de l'industrie coloniale ce que François Ximénès rapporte de ces cannes gigantesques qui viennent d'elles-mêmes, sans culture, sur les bords de la Plata, et dont le soleil, par des crevasses qui se font en certains temps de l'année à l'écorce de la plante, fait sortir le sucre à l'état concret, comme sort la gomme de différents arbres. La nature a tout fait pour cette branche de l'industrie du sucre; la présence d'une matière saccharine est manifeste dans la plante tropicale, les moyens les plus simples suffisent à son extraction; tandis que pour séparer le sucre de la betterave, il a fallu les efforts combinés de la science et de la pratique, en outre d'une confiance inébranlable dans les résultats économiques de l'entreprise, résultats dont, au début de cette industrie, il était permis de douter. La production du sucre de betterave entre aujourd'hui pour un huitième dans la production générale du sucre dans le monde entier. La sucrerie indigène alimente la moitié de la consommation de la France; elle suffira, dans quelques années, à celle des États qui composent l'association douanière allemande; elle prend en Autriche, en

Pologne, et surtout en Russie, un développement tel, qu'il est permis de prévoir l'époque où le nord de l'Europe devra être considéré comme une des grandes colonies à sucre du monde.

Le développement de la sucrerie de canne n'a point suivi, notamment dans nos colonies, une marche aussi rapide. Les planteurs ne retirent guère que quatre pour cent de sucre d'une plante qui, manufacturièrement, en pourrait rendre plus du double, et continuent à ne profiter que des avantages naturels de leur industrie. C'est ici le cas de remarquer que les récoltes des régions intertropicales ne sont point en rapport avec la force productive qui leur est communiquée par le climat. « L'Inde anglaise, dit un voyageur contemporain (1), » avec son immense population, ses territoires bien » doués par la nature, son commerce gigantesque, » est un pays inférieur en richesse et en production » aux pays les plus stériles de l'Europe. » Les terres de l'Algérie, si éminemment propres à la production du blé, n'en fournissent que 5 hectolitres par hectare, tandis que la France en obtient 13, et le Royaume-Uni 25! Les terres vierges des États-Unis qui, après le défrichement, donnent aux tiges de maïs une hauteur de 4 à 5 mètres et des rendements de 70 à 80 hectolitres, voient leurs récoltes

(1) M. de Valbezeu, dans son excellent ouvrage : *Les Anglais et l'Inde.*

graduellement s'affaiblir et descendre au-dessous du niveau des récoltes du vieux monde. L'île de la Réunion a 55,000 hectares plantés en cannes pour produire 50 millions de kilogr. de sucre; ce n'est pas 1,000 kil. par hectare, contre 1,750 kil. produits par la même étendue en betteraves. Quel plus éloquent plaidoyer que ces chiffres en faveur du travail, de l'intelligence, de l'emploi des engrais, et, ajouterons-nous, de cet heureux régime social possédé par la plupart des peuples de l'Europe, qui permet à chacun de s'élever et de s'enrichir?

La fabrication du sucre de canne dans les diverses colonies de l'Amérique a été depuis son origine, au contraire, sous l'influence de cet état social, si étrange et si lent à disparaître, qui repose sur la traite des nègres et sur leur esclavage. Aucune industrie n'a été plus entachée des vices de cette monstrueuse institution, et n'en a ressenti davantage les pernicieux effets. Ce n'est pas sans raison que la sucrerie indigène s'est vantée et se vante encore de sa libre origine, et du concours actif que son développement dans l'Europe septentrionale peut apporter à la solution d'une question d'un si grand intérêt moral pour les véritables amis de l'humanité. La tâche de la philanthropie moderne, qui, s'inspirant des principes du christianisme, ne transige point avec l'esclavage, n'est point encore remplie. L'œuvre glorieuse des Wilberforce, des Fox

et des Canning est incomplète et ne portera point
ses fruits, tant qu'il restera un coin du nouveau
monde où la servitude puisse élever de nouvelles
forteresses. Nous ajouterons, qu'en dehors de la
question morale soulevée par l'existence de l'esclavage dans les colonies espagnoles, au Brésil et dans
les États du sud de l'Amérique, il y a la question
économique, dont nous devons nous préoccuper
ici plus particulièrement. Il s'agit en effet de savoir
si la culture de la canne peut continuer de subsister sans le concours d'éléments étrangers dans
les contrées où l'esclavage a disparu, et si, dans les
colonies où il existe encore plus intense que jamais,
ce monstrueux état de choses peut se perpétuer.
Quelle est, en un mot, l'influence de la liberté ou
de l'esclavage sur la production du sucre colonial?
La solution de ce problème nous permettra de savoir
si de nouvelles perspectives sont ouvertes à l'industrie européenne du sucre de betterave, ou si,
dans un avenir plus ou moins éloigné, elle doit
craindre d'être étouffée par sa rivale du nouveau
monde.

Depuis les premiers temps de l'exploitation européenne, les établissements du nouveau monde sont
placés sous un régime social plus ou moins arti-
ficiel, dont l'instabilité paraît être le caractère
principal, et que les circonstances de la politique
des métropoles ou les progrès de la civilisation

viennent successivement modifier. Les indigènes,
après avoir été facilement vaincus par des aventuriers sans foi, dont l'unique mobile était l'amour de
l'or, furent, comme on le sait, répartis entre les
premiers colons à titre d'esclaves, et employés principalement à l'exploitation des mines ; mais, anéantis
par le travail, les mauvais traitements et la douleur,
ils ne tardèrent pas à disparaître. On connaît les
efforts du vertueux Las Casas en faveur des débris
de cette race infortunée; mais on lui reproche, non
sans fondement peut-être, d'avoir un des premiers
proposé d'importer des nègres achetés dans les
comptoirs portugais de la côte d'Afrique, et de les
employer comme esclaves à la place des Indiens.
De cette époque (1503), date l'extension du commerce odieux de la traite des nègres, déjà entrepris
par les Portugais, et la substitution graduelle des
travailleurs africains à la population indigène dans
l'exploitation des mines et des divers produits du
sol, parmi lesquels la canne à sucre prit bientôt le
premier rang.

La culture de la canne à sucre, après avoir pris
à Saint-Thomas, petite île sous l'équateur, appartenant aux Portugais, un certain développement,
fut portée par les Espagnols à Haïti, où elle fit de
très-grands progrès. La production du sucre s'accrut sous la domination française ; cette magnifique
possession, que nous aurions dû essayer de con-

server autrement qu'en cherchant à y rétablir l'esclavage, alimentait, avant la révolution, toutes les
raffineries de la métropole, et fournissait à l'exportation un chiffre assez considérable. La production
de 1789 égale presque, à elle seule, celle de toutes
nos colonies actuelles avant 1848 : elle était de
72 millions et demi de kil. La terrible révolte de
Saint-Domingue anéantit complètement dans cette
île la culture de la canne, que nos malheureux réfugiés portèrent à la Louisiane, où, sous l'influence
de l'esclavage, elle ne tarda pas à reprendre le terrain qu'elle venait de perdre. Les brillantes traditions de Saint-Domingue, où les mœurs féodales
de l'ancien monde avaient fait alliance avec les habitudes aristocratiques des possesseurs d'esclaves,
trouvent encore dans ce pays quelques admirateurs,
que la possibilité d'un nouveau Toussaint Louver-
ture n'a point le don d'effrayer !

La hausse considérable produite dans le prix du
sucre par l'abandon des plantations de Saint-Domingue, les éléments d'activité apportés à la Louisiane par un grand nombre de réfugiés, familiers
avec la culture de la canne et la fabrication du sucre,
décidèrent les planteurs de la Nouvelle-Orléans à
entreprendre de nouveaux essais pour introduire
sur les bords du Mississipi une culture dont les
autres colonies tiraient tant d'avantages, et dans
laquelle cette contrée, quoique moins favorisée du

12

climat, pouvait également réussir (1). Les essais furent heureux, et la Louisiane ne tarda pas à s'élever au rang des premières colonies à sucre du monde. La production du sucre de cet État a été, en 1854, de 175 millions de kilogrammes, à quoi il faut ajouter la production encore faible du Texas, laquelle, grâce à l'importation incessante des escla-ves, ne tardera pas à s'accroître et à augmenter le contingent de matière première que le Sud fournit aux raffineries du Nord. Il n'entre, en effet, que bien peu de sucre de la Louisiane en Europe; le produit des plantations du Mississipi remonte ce fleuve ou longe la côte orientale de l'Atlantique, pour être livré aux raffineurs de l'Ouest, de l'Est ou du Nord, lesquels s'accommodent parfaitement de ce produit du travail esclave, et n'ont que peu de scrupules sur son origine. Les cultures de la Loui-siane sont continuellement entretenues par les nè-gres importés des États éleveurs; on peut suivre sûrement par les progrès que fait l'industrie améri-caine du sucre, à laquelle il est juste d'ajouter celle du coton, la marche ascendante de l'esclavage dans le sud de l'Union. Le développement de cette odieuse institution fait ombre à la prospérité des États-Unis, et gâte les éloges que l'on peut adresser aux plan-

(1) Voir la *Notice sur la fabrication du sucre et la culture de la canne à la Loui-siane*, publiée par nous en 1852, et reproduite par les soins du ministère de la marine dans le numéro d'avril de la *Revue coloniale* de la même année.

.·teurs américains sur les progrès qu'ils ont fait ac-
·complir à l'industrie du sucre.

Le Brésil, avec ses vingt provinces, son magnifique climat, son territoire de 8 millions de kilomètres carrés, sa population de sept à huit millions
·d'individus, occupe un rang égal à celui de la Loui-
·siane dans la production du sucre. Le Brésil eut
.longtemps le privilége d'entretenir une partie de
· l'Europe de cette denrée; les changements politiques
·survenus dans cet État, et la concurrence des autres
·colonies, y arrêtèrent momentanément l'essor de
l'industrie sucrière; industrie qui est en progrès
·aujourd'hui, et a reçu une vive impulsion de la
demande croissante des denrées tropicales de la
· part des consommateurs européens. Depuis l'éman-
·cipation des nègres dans les colonies anglaises, la
·traite se fait au Brésil dans des proportions considérables; on estime que plus d'un million de ces
malheureux furent, en moins de vingt ans, enlevés
·par ce commerce infâme. La population esclave du
Brésil, qui, au commencement de ce siècle, était insi-
.gnifiante, s'élève aujourd'hui au chiffre de trois mil-
·lions deux cent cinquante mille; elle dépasse de près
·de cent mille celle des États-Unis. Le gouvernement
. brésilien affirme que la traite ne se pratique plus;
nous voudrions le croire, mais rien n'est moins
prouvé. Les négriers ont mille moyens d'échapper
à la surveillance des croisières européennes; les

capitaines américains sont fertiles en expédients
pour se livrer subrepticement à cet odieux et lucratif
commerce, qui donne 200 à 300 p. 0/0 de bénéfice
à ses entrepreneurs. A supposer que la traite fût
réellement abolie, l'esclavage n'en continuerait pas
moins de subsister. L'abolition de la traite aux
États-Unis n'a nullement empêché la population
esclave de s'accroître, dans une proportion qui est
aujourd'hui de 2 p. 0/0, soit environ 60,000 individus par an. Il n'en faut pas davantage pour perpétuer indéfiniment l'esclavage. Les partisans de
cette institution, qui sert si bien les intérêts actuels
des planteurs, disent que l'esclavage est très-doux
au Brésil, et que la suppression de la traite fera
disparaître naturellement la population servile ; cela
ne prouverait pas que l'esclavage ait cette bénignité
qu'on lui prête, car une population heureuse s'accroît sans cesse ; la satisfaction des besoins matériels
suffit seule chez les esclaves à cet accroissement.

Dans les îles espagnoles des Antilles, notamment
à Cuba, où la liberté commerciale règne en même
temps que l'esclavage, où les progrès de l'industrie
semblent avoir fait alliance avec des institutions que
partout ailleurs elle réprouve, la production du
sucre suit une marche tout-à-fait ascendante. L'exportation de cette denrée, qui pour Cuba n'était,
de 1826 à 1830, que de 81 millions de kilog., a
atteint en 1854 le chiffre de 337 millions, dont

150 millions de kilogr. environ ont été importés aux Etats-Unis. C'est, quant au chiffre de la fabrication, un progrès égal à celui du sucre indigène en France. Cuba est le concurrent le plus sérieux de l'industrie européenne du sucre de betterave. Cette colonie pourrait alimenter de sucre le monde entier; mais c'est une des grandes métropoles de l'esclavage, et le développement de son industrie et de son commerce général, lequel dépasse 320 millions de francs, est dû à l'importation des travailleurs africains. Aucune colonie n'a autant profité que Cuba du bill du 28 août 1833, qui abolit l'esclavage dans les possessions anglaises; depuis cette époque, sa population esclave s'est augmentée de 500,000 individus, et figure pour les deux tiers dans les 900,000 esclaves des colonies espagnoles. Les grandes habitations de 500, 600 nègres ne sont point rares à Cuba. Là brille de tout son ancien éclat l'esclavage, aboli au prix de tant de sacrifices et d'efforts par l'Angleterre et la France! Là se perpétue une institution odieuse, que les deux nations les plus éclairées du monde se sont, par la force de l'exemple, vainement efforcées de faire disparaître! On ne peut nier que l'industrie coloniale du sucre n'ait singulièrement contribué à fausser les résultats de cette généreuse entreprise, à laquelle la sucrerie indigène, si elle s'était développée plus tôt, pouvait prêter un si grand appui.

La statistique des Etats ou des colonies du nouveau monde, suffit à nous convaincre de cette triste
vérité, que la production du sucre est en rapport
avec les progrès de l'esclavage, et que ce n'est point
à l'amélioration des procédés employés par cette
industrie que nous devons l'abondance du sucre
exotique sur nos marchés. L'introduction des travailleurs indiens ou chinois, appelés à suppléer
au déficit des bras dans les colonies européennes
où n'existe plus l'esclavage, n'a pas eu plus d'influence sur les moyens d'extraction, qui restent
partout ce qu'ils étaient il y a un siècle. Sur les
cent dix établissements de sucrerie existant à la
Réunion, huit seulement ont adopté les appareils à
cuire dans le vide. La purgation à l'aide des appareils centrifuges, ne se pratique encore que dans
vingt-cinq habitations. La filtration au noir en grain
est à peine connue. A la Guadeloupe, à part les
progrès réalisés dans les usines centrales, l'industrie
du sucre est encore moins avancée qu'à la Réunion.
On a remarqué, à la dernière exposition universelle, que sur cinq exposants de la Martinique, un
seul a présenté des sucres bien fabriqués. Dans la
Guyane française, cette fabrication est tellement
en arrière que ses produits ne méritent pas d'être
mentionnés. Dans les Indes orientales, l'industrie
du sucre, pratiquée par les raffineurs natifs, n'a fait
aucun progrès, et une enquête faite par le gou-

vernement anglais, il y a quelques années, établit
que dans les Antilles la fabrication est à peu près
ce qu'elle était il y a cent ans. A Cuba et à la
Louisiane, les progrès ont été plus considérables.
Java mérite d'être mentionnée ; mais nous ne trouvons nulle part, dans les colonies, rien de comparable à ce qui a été accompli dans nos sucreries du
continent. C'est donc aux bras serviles ou aux bras
des salariés indiens que la production du sucre du
nouveau monde doit son augmentation ; c'est l'é-
tendue de ses cultures, et non l'excellence de ses
procédés, qui lui a permis de lutter contre la fabrication restreinte, mais habile, du sucre européen.

Le régime des grandes plantations, la concentration du capital dans un petit nombre de mains,
l'absence presque complète de classe moyenne, le
peu d'attachement au sol, sont des causes qui portent inévitablement les colons à étendre l'industrie
du sucre au-delà de ses limites raisonnables, et les
obligent à recruter partout de nouveaux bras.
Après la terrible révolution de Saint-Domingue,
après la promulgation du bill d'émancipation du
28 août 1833, après l'abolition de l'esclavage dans
nos colonies par le gouvernement de 1848, on a
pu croire que cette institution regagnerait difficilement le terrain qu'elle avait perdu, et qu'une nouvelle ère allait s'ouvrir dans tous les établissements
du nouveau monde. Ces illusions généreuses ne

tardèrent pas à se dissiper, et on s'aperçut que le sucre produit par les esclaves de la Louisiane, du Brésil et de Cuba, prenait la place du sucre des colonies émancipées. Ainsi que le remarque si justement M. de Molinari, dans un excellent travail sur l'esclavage (1), « les efforts et les sacrifices de » l'Angleterre et de la France n'ont abouti qu'à un » simple déplacement de l'esclavage, et ce dépla- » cement a été opéré au profit des nations les moins » accessibles aux sentiments de justice et d'huma- » nité. » On essaya en Angleterre de combattre ce résultat si déplorable d'une des mesures qui honorent le plus les nations civilisées modernes, par des tarifs différentiels ; vains efforts ! Le besoin sans cesse croissant des denrées coloniales, l'insuf- fisance des approvisionnements, le prix élevé des produits de la culture libre, firent passer sur la distinction entre le sucre libre et le sucre esclave, et adopter le principe de l'égalité des droits, lequel se trouve entièrement établi depuis 1854. Nous avons vu aussi en France disparaître graduellement la surtaxe des sucres étrangers, c'est-à-dire des sucres esclaves, laquelle, pour les sucres de pro- venance d'Amérique, n'est plus aujourd'hui que de 5 francs par cent kilog. Ainsi, tous nos efforts ont été stériles ; les nègres que nous n'avions plus

---

(1) *Dictionnaire de l'Economie politique*, art. Esclavage.

en servitude, marchent sous le fouet de comman-
deurs espagnols ou américains; ils portent le joug
à Cuba ou au Brésil, au lieu de le porter dans nos
colonies (1)!...

Les relations commerciales qui existent aujour-
d'hui entre les différents peuples du globe, établissent entre eux une solidarité dont ils n'ont pas
toujours une idée bien nette, mais qui ne s'en
révèle pas moins dans une foule de faits particuliers,
qui ont un côté moral véritablement digne d'attention. Supposons, par exemple, que la proposition
faite en 1843 de supprimer en France la sucrerie
indigène, œuvre patiente et glorieuse de deux générations, eût été adoptée, cette industrie n'eût point
péri pour cela; elle se fût réfugiée en Belgique,

---

(1) « Les négriers américains ont établi sur les rives du cours inférieur du Niger
» un trafic permanent de créatures humaines, dont on semble, à Londres, ignorer
» les vastes proportions..... D'après toutes les informations que je reçois, il
» s'est établi par cette voie un immense trafic d'esclaves, qu'on échange contre
» des productions américaines..... De Zincler, où je suis, on envoie continuel-
» lement des esclaves au Nyffé. Il semble, en vérité, que toute cette partie de
» l'Afrique soit mise à contribution pour alimenter d'esclaves le marché de l'Amé-
» rique méridionale. » (Richardson's narrative.)

Nous apprenons du Cap-de-Bonne-Espérance, disait il y a peu de temps
le Morning Chronicle, que le bateau à vapeur Sapho, en croisière sur la côte occi-
dentale, a aperçu un gros navire d'apparence suspecte jaugeant environ 1,000 tonneaux, lui a donné la chasse et l'a forcé à s'échouer à la côte. Le Sapho, ne
pouvant pas approcher parce qu'il n'y avait pas assez d'eau, a mis ses embarcations
à la mer. Le négrier, voyant ce mouvement, a mis également à la mer ses embarcations, après avoir jeté par-dessus bord 800 nègres. Lorsque les canots du
bateau à vapeur ont abordé le navire, dont l'équipage avait gagné la terre, ils ont
encore trouvé 400 nègres à bord; on les a conduits à Sierra-Leone. Le navire a
été brûlé, et pendant que les hommes de la Sapho l'incendièrent, les hommes
du négrier ont fait feu sur eux du rivage. La moitié des nègres jetés par-dessus
bord est parvenue à gagner le rivage, l'autre moitié a péri dans les flots.

en Allemagne et en Russie. Les betteraves qui
n'auraient pas été converties en sucre en France,
l'eussent été dans le nord de l'Europe, et, nos colonies, ne pouvant manifestement suffire à notre consommation nationale, celle-ci fût devenue tributaire
de l'étranger. Des faits analogues se sont produits à
quelques époques malheureuses de notre histoire :
sans remonter si haut, nous avons vu récemment,
par des causes bien différentes, des nations voisines
profiter habilement de l'interdiction de la distillation du grain en France, et nous expédier, sous
forme d'alcool, telle matière alimentaire que la
prévoyante sollicitude du gouvernement voulait
réserver à nos populations. Y a-t-il eu, par l'effet
de cette mesure, sur les marchés européens, désormais solidaires, quant à la production des céréales,
une seule mesure de grain de plus? Nullement.
Pour poursuivre notre hypothèse, admettons que
les Américains, sans se concerter avec le gouvernement de l'Espagne et réclamer de lui la même
mesure, abolissent l'esclavage dans leurs Etats du
Sud; il en résultera, sans nul doute, une recru-
descence nouvelle dans la production des denrées
coloniales, et notamment du sucre, à Cuba et dans
les autres colonies espagnoles; que si la supposition
contraire se réalisait, l'esclavage américain, enva-
hissant toute l'étendue de la Louisiane, du Texas
et de la Floride, ferait de ces vastes contrées les

plus grandes colonies à sucre du monde. Le sol de nos colonies est purifié de l'esclavage ; mais notre commerce, subissant la loi rigoureuse de la demande, est complice, sans le vouloir, de cette abominable institution, dont il favorise l'indéfini développement en s'adressant à Cuba, à Porto-Rico, à Rio-Janeiro, pour obtenir ce sucre, que le libre sol de la France pourrait si généreusement lui fournir.

On ne peut nier que le libre commerce des sucres, réclamé avec tant de force par le cosmopolitisme économique, ne profitât surtout aux colonies à esclaves : la prosperité actuelle de Cuba et du Brésil en est la meilleure preuve. On ne peut nier non plus que cette alliance implicite du consommateur européen et du producteur américain, pour l'exploitation de la race nègre, ne soit dans ses effets profondément immorale, et ne tarderait pas, si elle continuait davantage, à mettre à néant les sacrifices et les efforts des générations qui nous ont précédés dans la voie de l'affranchissement des esclaves africains. Une telle inconséquence de conduite serait le renversement de tous nos principes et de toutes nos traditions nationales, et l'on pourrait justement craindre que la tolérance des principales nations civilisées pour un ordre de choses qu'elles se sont efforcées de détruire, ne les amenât graduellement, et sans le vouloir, à le reconstituer.

La servitude renaîtrait de ses cendres, la traite se ferait sous une nouvelle forme, une partie de l'ancien régime colonial serait rétablie. Le *Times* et l'*Economist*, organes de l'opinion publique en Angleterre, ne sollicitent-ils pas le gouvernement de supprimer les croisières établies pour empêcher la traite (1)? N'oublions pas que depuis l'abolition officielle de ce commerce odieux, cinq millions d'esclaves ont été introduits dans les diverses colonies de l'Amérique; n'oublions pas que la population servile forme presque la moitié de la population totale du Brésil, et le septième de celle des Etats-Unis, où sa proportion relative s'accroît sans cesse. Les esprits enthousiastes peuvent voir les colonies à travers le prisme enchanteur du chantre de l'île Bourbon; ils peuvent aussi répéter les vers ravissants de la première strophe de la fiancée d'Abydos :

(1) On lisait récemment dans *le Times* les lignes suivantes :

« Il ne faut pas une grande pénétration pour apercevoir qu'un grand débat s'approche sur le sujet de l'esclavage et le commerce des esclaves. La bataille du nègre sera soutenue par les philanthropes avec une grande diminution de prestige, résultant des prédictions fausses et des espérances trompées. Les Broughams et les Wilberforces du jour auront à prendre un ton un peu plus humble. Le monde est maintenant plus sage que lorsque la chaire et la plate-forme retentissaient, il y a trente à trente-cinq ans, d'appels indignés à l'humanité. Les descriptions touchantes des romanciers humanitaires auront peu de valeur en ce qui concerne nos colonies..
»............. Les nègres sont nécessaires pour récolter le coton, le sucre, le café et le tabac dont le monde a besoin. L'homme blanc ne peut pas travailler sous un soleil tropical, et à moins d'employer l'Africain comme travailleur, les plus belles régions du nouveau monde deviendront un désert. Enfin, il faut avoir des nègres à tout prix, et aucune nation n'a le droit d'imposer ses propres scrupules à d'autres sociétés libres. Si l'Angleterre a ruiné ses propres colonies, ce n'est pas une raison pour qu'elle cherche à détruire le progrès de tout le continent américain.......... »

« Connaissez-vous le pays où croissent le cyprès et
le myrthe?..... » Mais les derniers vers frapperont
davantage l'économiste et le philosophe, et pour
eux les colonies sont encore, du moins dans une
très-grande partie, la triste terre de l'exploitation
inhumaine et de l'esclavage.

Le roman de Mme Beecher-Stowe n'a point
exagéré les souffrances des malheureux nègres ; les
larmes qu'il fait verser ne se rapportent pas à des
douleurs imaginaires : tous ceux qui ont visité les
Etats du Sud et les colonies espagnoles, savent que
la condition sociale des noirs ne peut se justifier.
On a souvent comparé le sort des serfs russes à
celui des esclaves africains; mais il n'y a pas de
comparaison possible entre des hommes qui sont
attachés au sol et des malheureux qu'on peut vendre,
diviser, colporter, parquer comme des bêtes de
somme, au mépris de toutes les lois naturelles et
sociales. La traite n'existe pas en Russie; elle se
pratique aux Etats-Unis, au grand jour des institutions les plus libérales du monde !

Bien que la question de l'abolition totale de l'esclavage colonial soit en dehors de notre sujet, la
production du sucre exotique a été, jusqu'à présent,
tellement liée à cette institution, qu'il n'est point
hors de propos de chercher à quoi nous en tenir
sur sa durée probable, notamment aux Etats-Unis.
La conduite et les sentiments du peuple américain

peuvent, à raison de sa prépondérance dans le
nouveau monde, avoir une influence décisive partout où se présentera cette grave question. Nul
doute que, si la servitude de la race noire disparais-
sait de l'Alabama, du Tennessee et du Mississipi,
elle ne trouverait plus à Cuba ou au Brésil une for-
teresse inexpugnable, et ne tarderait pas à succomber complétement sous les coups de la politique
ou de la philanthropie.

« Lorsque les vastes solitudes du Missouri, de
» l'Arkansas, de la Louisiane, de l'Alabama, de
» la Floride et du Texas, seront entièrement peu-
» plées, a dit M. Henry Clay, l'esclavage aura
» atteint la fin naturelle de son existence. L'agglo-
» mération de la population des Etats-Unis sera
» alors si grande, il y aura une telle réduction sur
» le prix et la valeur de la main-d'œuvre, qu'il
» sera beaucoup plus économique d'employer des
» bras libres que des bras serviles; les esclaves,
» devenant alors un fardeau pour leurs proprié-
» taires, seront affranchis et mis en liberté. » Ces
vues d'un homme d'Etat qui par ses opinions n'appartenait ni au Sud ni au Nord, et représentait le
parti modéré, sont celles d'une grande partie des
Américains, ennemis par tempérament des mesures
extrêmes et très-soucieux de leurs intérêts.

II

Les abolitionistes des Etats-Unis ne sont pas encore très-nombreux, et leur influence dans les affaires, en tant que parti, ne s'est point fait sensiblement sentir. Appartenant pour la plupart à des sectes religieuses, ils se bornent à faire œuvre de propagande, et ne porteraient probablement pas leurs opinions dans la politique, s'ils étaient au pouvoir. M. Calhoun trouvait la justification de l'esclavage dans l'ancien Testament; les abolitionistes citent volontiers l'Evangile; mais, dans la pratique, le grand-livre des Américains exerce sur leur esprit une autorité beaucoup plus décisive que les maximes de la Bible. L'esclavage est pour eux une question de *doit* et *avoir*, et les relations commerciales entre le Nord et le Sud sont trop bien établies et sont trop nécessaires à la prospérité générale de la république, pour qu'on s'avise de brusquer la solution d'une question qui en est la clé. Aussi partageons-nous l'opinion de M. Henry Clay : lorsque le travail libre coûtera moins que le travail servile, lorsque les ouvriers blancs seront sur le même terrain en compétition avec les travailleurs nègres, l'esclavage sera bien près de disparaître. Bien que l'époque où cette hypothèse est appelée à se réaliser soit encore très-éloignée, il est permis cependant de lui assigner un terme. Dans aucun pays du monde, la population, entretenue par une immigration annuelle de plus de 300,000 individus, ne fait de plus rapides progrès, et nul doute que, sous cette influence, les Etats du sud ne soient promptement peuplés. Inutile de faire remarquer que l'effet du climat sur les blancs, du moins dans cette partie de l'Amérique, a été exagéré, et que dans un pays où tous les grands travaux publics, tels que canaux, chemins de fer, se font à l'aide des bras européens, où pareillement presque toutes les fonctions du petit commerce et de la petite culture sont remplies par des blancs; dans ce pays, disons-nous, les travailleurs peuvent aisément s'acclimater et y constituer un jour l'élément précieux qui y manque, celui de la petite propriété.

Le Sud l'a si bien compris, que la politique de tous les hommes d'Etat qui représentent cette partie de la république fédérative des Etats-Unis, a toujours eu pour but de favoriser l'annexion de nouveaux territoires, soit pour donner un plus libre champ à l'émigration, soit pour ajouter de nouvelles forces au parti de l'esclavage. Leurs efforts ont été souvent stériles, et quelques Etats nouveaux, tels que l'Oregon et la Californie, ont échappé à l'inoculation de la servitude; ils n'empêcheront pas davantage le courant de la population blanche de descendre le Mississipi, et de préparer par le travail libre les éléments de cette population moyenne,

qui seule peut faire contre-poids à la classe aristocratique des planteurs. Du jour où cette population
laborieuse, probe, énergique, qui déjà cultive le
tabac et le coton, se trouvera en concurrence avec
les nègres, l'esclavage perdra graduellement du
terrain et ne sera plus longtemps possible. L'influence de ce nouvel état de choses se fera sentir sur
la production du sucre, qui rentrera dès lors dans
les conditions de la culture européenne, c'est-à-dire
qu'il y aura d'un côté des producteurs de canne,
et de l'autre des fabricants qui achèteront au poids
cette matière première de leur industrie. Dans ces
conditions, les bénéfices légitimes de la fabrication
du sucre se trouveront naturellement répartis entre
un grand nombre d'individus; la sucrerie de betterave n'aura plus à lutter contre des entrepreneurs, qui n'ont pour avantages bien déterminés
que les milliers d'esclaves qu'ils mettent dans la
balance, et dont la fortune se fait par l'immoral
accaparement de profits qui suffiraient à faire vivre
honorablement une multitude de petits cultivateurs
et d'ouvriers.

Ajouterons-nous, pour terminer ces considérations
sur l'esclavage, qu'il faut compter aussi sur les évènements imprévus qui surgissent si fréquemment
dans la vie des peuples modernes. Qui peut répondre
que l'émancipation de la race noire ne sortira pas
instantanément d'une révolution d'esclaves?

13

L'industrie européenne du sucre de betterave peut faciliter singulièrement la tâche des gouvernements et de la philanthropie. On ne peut douter que, si l'Angleterre n'avait pas compté sur la production des Indes orientales, elle ne se fût moins empressée de rendre l'acte d'émancipation de 1855, et de dépenser vingt millions de livres sterling pour indemniser ses planteurs. L'abolition de l'esclavage dans nos colonies, en 1848, n'a pu également nous prendre au dépourvu, la fabrication indigène étant, dès cette époque, en mesure de fournir à la moitié de la consommation nationale.

L'abolition définitive de la servitude en Amérique aurait pour effet de donner un nouvel essor à une industrie qui, par ses rapides progrès, a prouvé qu'elle en pouvait accomplir de plus rapides encore. Le sucre indigène, librement produit, peut donc puissamment contribuer à la suppression d'une institution dangereuse et détestable; à ce point de vue, le cosmopolitisme économique, qui parle si souvent de liberté, pourrait mettre un peu plus de réserve dans ses attaques contre une industrie qui n'a point, il est vrai, la prétention d'avoir un but uniquement moral, mais qui n'en sert pas moins efficacement une noble et sainte cause, qu'il n'est permis à personne d'oublier.

Le 28 août 1855, l'Angleterre décréta l'abolition de l'esclavage dans ses colonies, et affecta une in-

demnité de vingt millions de livres sterling au rachat
des 780,000 individus soumis dans ses possessions
des Indes orientales, de l'île Maurice et du Cap, à
l'acte d'émancipation. Le 27 avril 1848, à la suite
de la révolution de février, l'émancipation immédiate fut décrétée dans les possessions françaises;
l'indemnité à payer aux colons fut réglée par un
autre décret du 30 avril 1849. Plus tard, un droit
différentiel, qui subsiste encore, protégea le sucre
colonial contre le sucre indigène. Remarquons, en
passant, que les colonies auraient mauvaise grâce à
reprocher à la sucrerie indigène la protection dont
elle a joui à son origine, et que la faible exemption
de droits qui lui a permis de se développer, au grand
avantage de nos populations rurales et de notre
agriculture, n'est nullement balancée par les charges
que nos établissements d'outre-mer ont imposées
aux contribuables et imposent encore aux consommateurs. La France trouvera-t-elle dans l'avenir
une compensation à ses sacrifices? Il nous est permis d'en douter. On a souvent comparé les effets
de la révolution française à ceux qui, dans l'esprit
des abolitionistes, devaient résulter de l'émancipation des noirs; cette appréciation reposait sur un
examen insuffisant de l'état social de nos colonies.
Le peuple, en France, avait été graduellement préparé à ce nouveau régime, que la révolution venait
d'introniser par un grand nombre de réformes

civiles et économiques. Le sentiment de la liberté était généralement répandu; il existait une classe moyenne possédant les instruments du travail, et initiée depuis longtemps aux choses de l'industrie. Le sol, déjà morcelé, était cultivé, approprié; il suffisait d'étendre, par la suppression du droit d'aînesse, le principe fécond de la culture libre et de la petite propriété : rien de semblable n'existait dans les colonies. D'un côté, l'aristocratie du planteur, la grande propriété ; de l'autre, la plèbe africaine, ne possédant que ses bras et peu disposée par sa nature à en faire usage au-delà de ses besoins.

Le nègre se distingue par quelques qualités estimables : il est doux, serviable, reconnaissant; mais chez lui, bien qu'il ne soit pas plus dépourvu d'intelligence que l'Européen, les dons du cœur l'emportent sur les facultés actives qui permettent aux races dégradées de se relever de l'abjection ou de la servitude. Le nègre est naturellement paresseux, et ne travaille pas au-delà de ce que lui commande la satisfaction rigoureuse de ses besoins matériels. Qu'arriva-t-il? La plupart des affranchis refusèrent de retourner dans les plantations, ou ne s'engagèrent à travailler que par l'appât de salaires considérables et hors de proportion avec ce que le planteur, à peine de ruine, pouvait leur donner. Il a été établi que, depuis l'acte d'émanci-

pation, l'application au travail des nègres libres,
dans les colonies anglaises, n'a pas dépassé une
moyenne de 3 jours de 6 heures par semaine.
« Chaque jour, disait M. Thompson en 1854, on
» voit la population se retirer du travail et les noirs
» s'établir pour leur compte ; on ne peut les en
» blâmer, et c'est ce que tous les blancs feraient
» eux-mêmes s'ils étaient dans une situation ana-
» logue. » Ne pouvant commander le travail, on
vit la plus grande partie des planteurs s'obérer de
plus en plus, puis succomber. La production du
sucre subit naturellement un grave échec ; elle
diminua d'un tiers au profit des Indes orientales,
où, depuis, elle n'a cessé de s'accroître.

Ce n'est pas que le travail libre, dans une société
normale, soit moins productif que le travail servile ; au contraire. On ne peut rien attendre d'avantageux d'une bande d'hommes et de femmes à peine
nourris, travaillant 15 à 18 heures par jour sous
les yeux d'un commandeur armé d'un fouet, et
leur en distribuant des coups pour montrer son
zèle ou satisfaire sa férocité. Le souvenir d'un tel
régime, plus commun qu'on ne pense, a bien pu
rendre odieux aux nègres le séjour des plantations :
il est permis à un prisonnier de ne plus aimer sa
geôle. Toutefois, la nécessité forcera toujours le
nègre à travailler ; mais si les bras manquent, par
suite de l'application de son travail à la culture des

terrains vagues, où il trouve une subsistance facile, la demande en souffrira; et c'est ce qui est arrivé dans presque toutes les colonies émancipées. La Barbade, par exemple, qui possédait une population considérable de travailleurs, n'a point trop souffert du changement de régime; aussi le prix de revient du sucre y est-il de 40 0/0 moindre qu'à Demerari ou à la Jamaïque. Dans cette dernière île, depuis l'acte d'émancipation, la propriété a été constamment diminuant de valeur. En 1850, 150 plantations sur 655, avaient cessé de travailler ou étaient abandonnées. L'exportation du sucre avait diminué de moitié. Nulle part le mal ne fut plus grand qu'à la Jamaïque, où l'absence complète de classes moyennes et le régime de la grande propriété, compliqué de l'absentéisme, vint augmenter, dans une proportion plus forte qu'ailleurs, les perturbations économiques causées par l'affranchissement.

III

L'abolition de l'esclavage, si redoutée des planteurs, et qui a en effet été si funeste à quelques-unes des colonies, a au contraire été pour d'autres le commencement d'une prospérité remarquable et le signal d'une ère économique aussi curieuse qu'inattendue. A la suite de la hausse des salaires, qui fut la conséquence naturelle de l'émancipation,

les colons anglais des Indes occidentales cherchèrent
dans l'immigration des travailleurs étrangers, et
principalement des coolies indous de la présidence
du Bengale, un moyen de suppléer au défaut
de bras et d'éviter une ruine certaine. Des malheureux dont le salaire n'est que de 8 à 10 centimes
par jour, n'eurent pas de peine à se décider à
accepter les conditions meilleures qu'on leur offrait,
et l'émigration ne tarda pas à s'organiser sur une
grande échelle, étendant ses ramifications jusqu'en
Chine. La Jamaïque, la Trinité et la Guyane anglaise
reçurent un assez grand nombre de ces émigrants;
Cuba et nos possessions des Antilles en ont importé
à leur tour; mais la longueur du trajet rendra toujours l'émigration vers ces points coûteuse et difficile. Maurice et Bourbon, au contraire, plus à la
portée des agglomérations indienne et chinoise que
New-York l'est du Havre et de Liverpool, virent
le courant d'émigration qui s'est établi vers ces îles
depuis 1854 augmenter sans cesse. Cent mille de
ces travailleurs libres, plus laborieux que les nègres,
et supportant mieux que les Européens le climat
tropical, ont été, en dix ans, introduits à Maurice.
L'ancienne population esclave était de 58,000 individus; aussi, sous l'influence de cet excédant considérable de bras, la production du sucre a-t-elle
doublé, et passé de 55 millions de kilogrammes à
près de 120. A l'île de la Réunion, les mêmes faits

se sont produits, et cette colonie, par suite de l'immigration, vient d'entrer dans une période de prospérité que les habitants eux-mêmes se plaisent à
constater, et qui ne doit assurément leur laisser
aucun regret de la disparition de l'esclavage. En
1855, la population des travailleurs étrangers égalait
presque l'ancienne population esclave : elle était
de 46,000 contre 52,000; au moment où nous
écrivons, elle lui est probablement supérieure. La
production du sucre, qui, antérieurement à 1852,
variait de 20 à 23 millions de kilogrammes, atteignait à cette époque 28 millions, 32 millions 1/2
en 1853, 39 millions en 1854, pour arriver à
50 millions en 1855.

L'augmentation des marchandises importées, telles
que riz, morue, blé, tissus, vins, huile, etc., a été,
pendant la période sexennale qui a suivi l'esclavage, de près de 7 millions. Le mouvement maritime a suivi une augmentation proportionnelle, et
s'est élevé, pour la sortie, à 62,626 tonnes, au lieu
de 53,298. En un mot, l'immigration des travailleurs indiens a apporté à la colonie une vie nouvelle, et donné à son commerce et à son industrie
une activité tout à fait inattendue. C'est là un fait
économique digne de remarque, et qui doit appeler
toute l'attention de la sucrerie indigène, qu'elle
expose, nous ne devons pas nous le dissimuler, à
un très-grand danger.

Sans chercher à nous appuyer sur les graves abus auxquels donne lieu l'émigration intertropicale, abus qui, nous voulons le croire, disparaîtront à mesure qu'elle se régularisera, nous ne pouvons nous empêcher de craindre qu'elle ne prépare dans la mer des Antilles et dans l'Archipel indien l'état social le plus incohérent et le mélange de races le plus hétérogène qui se puisse voir. Que pourra-t-il sortir de cette alluvion nouvelle, qui peut se comparer, dans sa cause et dans ses effets, à l'importation des Africains après la destruction, l'émancipation ou le refoulement des aborigènes? Les Hindous ou les Chinois, qui forment le noyau de l'immigration, ne parlent point la même langue, ne professent point la même religion, ne possèdent pas les mêmes traditions que nous; ils sont plus étrangers à nos idées et à nos mœurs que les anciens Hurons ou Iroquois du Canada, chez lesquels, du moins, nos missionnaires trouvaient une âme souple, accessible à notre civilisation et à nos principes religieux.

Les nègres africains oublient aisément le culte de Zamba-Pongo; leurs descendants de la première génération se fâchent si on leur dit qu'ils sont originaires de la Guinée ou du Congo; la même insouciance religieuse, la même facilité de mœurs ne peut exister chez les Indous, en possession d'une civilisation très-ancienne, et les rend, par cela même, moins propres à s'incorporer dans une société

si différente d'ailleurs de celle à laquelle ils sont
accoutumés. Les colons, sans doute, n'ont point à
s'inquiéter de ce que pensent et comment vivent
les travailleurs qu'ils emploient dans leurs ateliers ;
mais si cette population flottante se fixe un jour,
n'auront-ils point à s'en préoccuper sérieusement ?

Dans les républiques hispano-américaines, sur
un sol beaucoup plus favorisé de la nature que celui
de l'autre partie du nouveau monde, occupée également par des Européens, les progrès politiques et
sociaux réalisés ont été incomparablement moindres ; la cause en est certainement due, en très-
grande partie, à ce mélange confus de toutes les
races qui forment le fond de la société ; encore y
a-t-il un lien, le lien religieux, une religion commune, le catholicisme. Quel sera, dans nos colonies,
à la suite de cette immigration que l'industrie tropicale sollicite de toutes ses forces, le lien social qui
doit maintenir ces races d'origine si différente, et
venues pour ainsi dire de tous les points du globe ?
Blancs, nègres créoles, nègres de Mozambique, de
Sierra-Leone, de la Guinée, du Congo, métis de toute
couleur, Madériens, Chinois, Hindous ; tous ces
hommes, plutôt superposés qu'unis, forment assurément une société étrangement incohérente, que
rien du reste n'attache au sol, et que l'amour du
gain ou la crainte de règlements disciplinaires peut
seule retenir.

Comment pourra sortir de cette singulière agglomération de travailleurs étrangers, cette classe
moyenne qui n'a pu se former sous le régime de
l'esclavage, et qui contribuerait tant à donner aux
colonies les éléments d'une existence active et durable? Pour arriver à ce but si désirable, il faudrait
attacher les immigrants au sol, et commencer par
constituer la famille; mais l'immigration intertropicale a cela de particulier, que les femmes y font
presque complètement défaut : on a cité ce fait que
sur 20,000 Chinois établis à Victoria, trois seulement avaient leurs femmes. Dans les colonies de
l'archipel indien, la disproportion des sexes est
moindre; mais elle est néanmoins très-considérable.
A la Réunion, au 31 décembre 1855, la proportion
des femmes dans la classe des travailleurs étrangers,
n'était que d'un dixième.

Que les planteurs, par raison d'économie, se
soucient peu de faire venir des femmes et des enfants, nous le comprenons; mais ne s'exposent-ils
pas au reproche de transformer nos colonies en
vastes ateliers de travail, qui ne peuvent être d'aucune utilité à la métropole, et pour lesquels il
devient, dès lors, inutile de faire plus longtemps
des sacrifices? Raisonnant dans l'hypothèse contraire, et supposant à la Réunion et dans nos Antilles une population fixe d'Hindous, de nègres
libres et de Chinois, nos colonies ne nous intéresse-

raient guère davantage que les agglomérations de
Java, de Sumatra, de Bornéo, de Ceylan et de Sin-
gapour.

On a vu dans l'introduction des castes de travailleurs hindous et chinois, un moyen de donner
une solution pacifique à l'esclavage; l'expérience a
prouvé, d'un autre côté, que la substitution de ces
races laborieuses et patientes aux nègres émancipés
ramenait la vie dans les plantations, et donnait un
essor illimité à la production des denrées tropicales;
mais nous pensons que l'effet moral de l'immigration n'a point été suffisamment prévu, et qu'une de
ses conséquences, la plus immédiate, sera de détacher
les métropoles de leurs colonies, et de rendre libres
de se gouverner comme elles l'entendent ces agglomérations d'hommes, dont un bien petit nombre
aura conservé avec l'Europe les liens du sang, du
langage et de la civilisation. Nos colonies, bien différentes en cela des colonies anglaises, ne se sont
jamais détachées de nous volontairement; mais
cependant, si jamais le mot « séparation politique »
était prononcé, elles devraient en reconnaître la
cause et ne point s'en étonner. La France ne pourra
longtemps continuer à protéger, au détriment de sa
population nationale, ce mélange confus de nègres
et d'orientaux, qui dans la guerre ne lui seraient
d'aucun service, et qui lui occasionnent en temps de
paix des sacrifices sans compensation.

Quoi qu'il en soit, il est certain que les colonies à sucre qui ont été à même d'importer des coolies sans leur faire doubler le cap de Bonne-Espérance, telles que Maurice et la Réunion, sont dans une situation extrêmement prospère, et que les conditions de la production y sont meilleures qu'avant l'abolition de l'esclavage. Dans les Antilles anglaises et françaises, l'exportation des travailleurs indiens, vu l'éloignement, présente plus de difficulté; il semble aussi que le climat leur soit moins favorable que celui de l'archipel indien. Aussi a-t-on, dans ces derniers temps, cherché à introduire des Africains libres, véritables sauvages arrachés à l'affreuse servitude de leur pays; mais cette émigration a des inconvénients, et entre autres celui de ranimer le commerce des esclaves sur la côte d'Afrique. C'est donc dans les îles de la mer des Indes, et dans les Indes orientales elles-mêmes, que le sucre de betterave doit voir la concurrence la plus sérieuse; concurrence dont on peut juger par ce fait, que l'exportation de Maurice et des Indes orientales pour l'Angleterre, qui était en 1828 de 27 millions de kilogrammes seulement, a atteint en 1853 le chiffre de 126 millions de kilogrammes. En 1856, la France a reçu pour sa part, de la première de ces colonies, 8,615,423 kilogr. de sucre.

La fabrication du sucre dans l'Inde est fort ancienne; mais, comme tout ce qui se pratique dans cette contrée, elle est stationnaire. Les tentatives faites par les Européens, depuis un demi-siècle, pour introduire dans cette industrie les procédés perfectionnés en usage dans les Antilles, n'ont pas abouti : cette branche considérable de la production des Indes reste, comme avant la domination anglaise, partagée entre les petits cultivateurs ou *ryots* et les petits fabricants indigènes, lesquels, grâce à la division du travail et au bas prix fabuleux de la main d'œuvre, arrivent à faire concurrence aux établissements modernes les mieux montés. Les grandes sucreries à la vapeur sont peu répandues dans cette contrée; mais une industrie, quels que soient ses procédés, qui trouve un sol généreux, un climat presque partout favorable, une population de 170 millions d'habitants, dont les salaires sont au-dessous de tout ce qu'on peut imaginer, sera toujours pour la sucrerie indigène une rivale redoutable, avec laquelle la prudence de notre gouvernement ne doit pas la mettre aux prises. Nous ajouterons que le sucre de canne n'est pas la seule matière saccharine produite par l'industrie des Indes, et que l'extraction du sucre de palmier y est encore dans des conditions plus favorables : un cinquième des sucres exportés de Calcutta, provient des plantations de palmiers de cette présidence.

Toutefois, les évènements dont l'Inde est aujourd'hui le théâtre, la révolution inévitable qui

s'opèrera dans cette antique contrée, pourra bien
modifier les conditions du travail et changer totale-
ment la nature des relations de l'Europe avec ce
pays, nécessaire peut-être à la grandeur de l'Angleterre, mais qui n'est nullement indispensable à nos
besoins, à notre commerce et à notre industrie.

En résumé, en dehors de la production de nos
sucreries indigènes et de nos colonies, la consommation française, pour s'alimenter, ne peut s'adresser
qu'aux colonies espagnoles, au Brésil ou aux contrées
libres de l'Inde, c'est-à-dire à l'esclavage ou au monopole anglais. Est-il digne des pures et chevaleresques
traditions de la France, d'encourager implicitement
une institution telle que l'esclavage? Est-il de ses
intérêts d'aller porter dans les présidences de l'Inde
l'argent nécessaire pour se procurer un produit
qu'elle trouve, au grand avantage de son agriculture, dans son propre sol, à des conditions économiques à peu près les mêmes? Nous ne pensons pas
qu'un homme aimant son pays puisse soutenir une
pareille opinion. Que les philosophes du libre-
échange s'apitoient sur le sort des races orientales,
lesquelles n'ont besoin ni de leurs doléances ni de
notre commerce pour vivre, c'est une théorie humanitaire comme une autre; pour notre part, nous ré-
servons notre sollicitude à nos compatriotes, et pensons que le moment n'est pas venu où l'on puisse,
sans être dupe, se déclarer citoyen du monde.

Les partisans des colonies conviennent volontiers
qu'elles sont une charge pour la métropole, et que
nous n'aurions qu'un médiocre intérêt à les conserver, si elles n'avaient un côté essentiellement
utile, celui d'assurer des transports à notre marine,
et de former des matelots pour le service de l'Etat.
Pour diminuer l'importance de la sucrerie indigène, on a fait valoir également notre commerce
d'échange avec ces possessions lointaines, et les
profits qu'en retirent quelques-unes de nos industries. Il importe de savoir à quoi s'en tenir sur cette
question, depuis si longtemps controversée et jamais
résolue. Nous allons, par conséquent, exposer
quelques chiffres, et mettre nos lecteurs à même
de comparer les services productifs créés par les
deux industries rivales, nous empressant toutefois
de faire remarquer que, si nos conclusions sont
défavorables au sucre exotique, elles ont principalement pour but de repousser le sucre étranger, et
non celui de nos possessions françaises, dont la
sucrerie de betterave accepte franchement la concurrence.

IV

La population actuelle de nos colonies à sucre
est de 409,260 individus de toutes couleurs; c'est
le quart de celle du département du Nord. Les 152
communes de l'arrondissement de Lille, ont une

population à peu près égale à celle de nos quatre
grandes colonies ! Depuis l'abolition de l'esclavage,
la population de quelques-unes de nos colonies, la
Réunion et la Martinique notamment, prend un
accroissement notable, dû entièrement à l'immigration des travailleurs étrangers. — A la Réunion,
sur une population totale de 143,261 individus, les
Indiens, les Chinois et les nègres, récemment importés, entrent pour 45,000; l'ancienne population
esclave, pour 52,000; les blancs et la classe libre
de couleur forment le surplus. Le nombre des blancs
établis dans nos colonies, n'atteint pas le chiffre de
la population d'une ville de troisième ou quatrième
ordre, telle que Tours ou Angers; il n'est guère que
de 35 à 40,000. La population totale de nos colonies,
n'excède que de 40,000 celle de la Jamaïque, pourtant si déchue de son ancienne splendeur; elle n'est
pas le double de celle de la nouvelle colonie anglaise
du cap de Bonne-Espérance.

Le commerce général de la Réunion, importations
et exportations réunies, représente, pour l'année 1856,
en valeurs officielles, une somme de 57,000,000 fr.;
celui de la Martinique, 42,800,000 fr.; celui de
la Guadeloupe, 31,300,000 fr.; celui de Cayenne,
5,600,000 fr.; soit un total de 136,700,000 francs;
c'est 43 millions de moins que le commerce de l'Algérie, lequel figure au tableau pour 179 millions.
La part de nos quatre grandes colonies dans le com-

14

merce général de la France, n'est que de 2,9 0/0.
Nous faisons autant de commerce avec l'Association
allemande qu'avec toutes nos colonies à sucre; elles
occupent seulement le 10ᵉ rang sur l'échelle, et
sont placées entre la Turquie et la Russie; l'Algérie,
cette colonie si nouvelle, occupe le 8ᵉ rang (1).

Le commerce d'importation de la Réunion a été,
pour l'année 1856, en valeurs actuelles, de
45,600,000 fr.; celui de la Martinique, de
27,900,000; celui de la Guadeloupe, de 20,000,000;
celui de Cayenne, de 1,500,000; soit en totalité,
92,800,000, ou en valeurs officielles, 71,100,000;
ce qui porte la part de nos colonies, dans le commerce général de marchandises provenant de l'extérieur, à 3,2 0/0, celle du sucre entrant dans cette
proportion pour 2,7 0/0. La part de l'Algérie est
de 5,9, celle de la Turquie est la même. En 1789,
l'exportation des produits de Saint-Domingue dé-
passait de 75 millions l'exportation actuelle de nos
quatre colonies, avec laquelle nos relations sont moins
importantes que celles de Cuba avec les Etats-Unis.

Le commerce d'exportation de la France, pour la
Réunion, a été, pour l'année 1856, en valeurs
actuelles, de 20,000,000 fr.; de 22,500,000 pour
la Martinique, de 17,500,000 pour la Guadeloupe;

---

(1) Nous n'avons pas besoin de faire remarquer que tous ces chiffres sont officiels;
ils sont extraits du tableau général du commerce de la France publié tous les ans
par la Direction générale des Douanes et des Contributions indirectes.

de 4,200,000 pour Cayenne, soit en totalité
64,000,000, ou en valeurs officielles 65,400,000;
ce qui porte la part de nos colonies, dans le commerce général d'exportation, à 2,8 0/0. La part
du Brésil est identiquement la même. La Turquie
passe avant nos colonies dans les pays qui nous
achètent le plus de marchandises; la Martinique et
la Guadeloupe occupent un rang inférieur au
royaume des Deux-Siciles. En 1851, l'exportation
pour nos colonies était de 73,800,000; il faut attribuer à la cherté des subsistances la diminution de
8,400,000 sur 1856. Dans la même période, de
1851 à 1856, l'exportation pour les États-Unis, qui
occupent le second rang dans notre commerce
extérieur, a passé de 257,200,000 à 419,100,000.
Nous avons avec l'Algérie un commerce d'exportation plus que double de celui de toutes nos colonies à sucre; ce commerce, qui était en 1851 de
99,000,000, s'est élevé en 1856 à 143,200,000,
valeur officielle, soit 6,2 0/0 de notre commerce
général.

Les principales marchandises que nous importons
de nos colonies, sont le sucre, le girofle, le café,
le rhum et le tafia, le rocou, le cacao, la casse, les
bois d'ébénisterie et les peaux brutes. Le sucre
entre, à la Réunion, pour 91 0/0 dans le commerce
général d'exportation; pour 84 0/0 à la Martinique;
pour 88,9 0/0 à la Guadeloupe; pour 9,9 0/0

à la Guyane. Les autres denrées coloniales, telles
que café, coton, indigo, etc., qui formaient dans
notre ancienne possession de Saint-Domingue
57 0/0 des exportations, ne figurent que pour un
chiffre considérablement réduit et tout à fait insignifiant.

Les marchandises exportées de France aux colonies, sont les tissus, passementerie et rubans de
coton, dont la part proportionnelle est de 25 0/0;
les ouvrages en peau et en cuir, les vêtements et
pièces de lingerie, les tissus de lin, de chanvre,
de laine et de soie, dont la part est de 6,6 0/0; les
vins, l'huile d'olive, les ouvrages en métaux, les
machines et mécaniques, les mules et mulets; les
poteries, verres et cristaux, les vins, le beurre
salé, les viandes salées, le riz en grain, le sucre
raffiné, les modes et fleurs artificielles, les articles
de l'industrie parisienne, la parfumerie, les médi-
caments, la mercerie, les boutons, l'acide stéarique
ouvré, etc.

La navigation de nos colonies à sucre est réservée
à la marine nationale. En 1856, le mouvement de
cette navigation a été, pour la Réunion, la Martinique, la Guadeloupe et Cayenne, à l'entrée en
France, de 362 navires, jaugeant 96,481 tonneaux,
montés par 4,858 hommes; il a été, à la sortie de
nos ports, de 394 navires, jaugeant 115,816 tonneaux, montés par 5,608 hommes. C'est un total

de 756 navires, avec 212,297 tonneaux, soit une part
de 3,3 0/0 dans tous nos transports maritimes.

La part de l'Algérie, du Sénégal, de nos établissements dans l'Inde, de Sainte-Marie de Madagascar,
de Mayotte et Nossi-Bé, est de 5,5 0/0. Le tonnage
de l'Algérie, seul, excède d'un tiers celui de notre intercourse avec les quatre grandes colonies; les transe-
ports d'aller et retour de cette jeune colonie, s'ef-
fectuent à l'aide de 1,657 navires, jaugeant 302,045
tonneaux, montés par 12,593 matelots. Comme
nombre, le mouvement maritime de nos colonies
à sucre n'est que la vingt-deuxième partie de notre
mouvement général; ce n'est plus, sans distinction de
pavillon, que la cinquante-deuxième partie comme
nombre, et la trentième partie comme tonnage.
Notre commerce maritime avec nos colonies est de
50,000 tonneaux moindre que celui que la Grande-
Bretagne entretient avec l'Espagne seulement. Il
entre plus de navires américains dans le seul port
de San-Francisco que de navires français dans nos
quatre colonies. New-York en reçoit dix fois davantage comme nombre, treize fois comme tonnage.
Une grande nation comme la France ne peut être
fière d'un mouvement maritime si restreint, qui
n'est que le tiers de celui que le pavillon d'une
nation de second ordre, telle que la Hollande,
entretient avec une seule de ses colonies, Java.

On cherche à suppléer à l'infériorité si notoire de

ce mouvement maritime, en provoquant l'importation des sucres étrangers. Est-on arrivé à ce but? Les chiffres suivants nous permettront d'en douter.

Les sucres étrangers importés en France, en 1856, représentent un chiffre de 41 millions de kilogr., dont 25,500,000 kilogr. de Cuba et Porto-Rico, 8,600,000 de l'île Maurice, 6,700,000 du Brésil, le reste de diverses provenances. La part du pavillon français, dans le transport de ces sucres, a été des 4/5; ce qui a fourni à notre marine environ 67,000 tonneaux pour 240 navires, montés par 1,600 matelots; soit une part de 1 0/0 dans notre mouvement général maritime. Est-il raisonnable de soutenir que pour cette imperceptible augmentation d'une industrie de transport, il soit juste d'exposer à une ruine imminente une industrie qui occupe 40,000 ouvriers, et crée 50 millions de services productifs?

La pêche de la morue, faite par les ports de Dunkerque, Granville, Marseille, Bordeaux, Cette, Saint-Servan et Saint-Malo, a occupé, en 1850, 427 navires de 56,576 tonneaux, montés par 12,285 hommes. La quantité de morue expédiée dans nos colonies à sucre, a été de 1,802,000 kil.; soit 36 0/0 du chiffre total de la pêche. On peut donc admettre que nos colonies sont l'objet de l'entretien de plus d'un tiers de cette marine spéciale et privilégiée, qui a pour but essentiel de former des matelots pour le service de l'Etat; c'est par conséquent un chiffre de 4,062 marins, pour l'apprentissage desquels la part de prime a été de 892,000 francs.

Notre inscription maritime est aujourd'hui de 120,000 marins. La part de notre navigation coloniale dans cette inscription, est de 4,1 0/0; celle de notre intercourse, quant au transport des sucres étrangers, de 1,3 0/0; celle de la pêche à la morue, de 3 0/0; total, 8,4 0/0. On a, comme on le voit, singulièrement exagéré l'influence de nos colonies à sucre sur l'effectif de notre inscription maritime. Les matelots que le transport des sucres procure à la marine française, s'élèvent tout au plus à 10,000, en y comprenant, bien entendu, ceux qui sont occupés à la pêche de la morue à destination de nos colonies. C'est 2,500 de moins que ceux employés par la marine naissante de l'Algérie; c'est le trentième de ceux que compte la marine marchande anglaise.

Ainsi que nous l'avons dit au commencement de ce travail, la production intertropicale du sucre n'exerce qu'une bien faible influence sur la prospérité générale de notre marine et de notre commerce extérieur. La marine française n'a point attendu les progrès de la production dans nos colonies pour se relever du marasme dans lequel

elle était tombée sous le règne de Louis-Philippe.
Indépendamment du progrès du pavillon étranger,
qui a été malheureusement presque double du nôtre
en nombre et en tonnage, le mouvement de 1856
sur 1854, présente une augmentation de 18 0/0
pour les bâtiments, et de 40 0/0 quant au tonnage ;
augmentation dont on ne peut chercher la cause
dans l'exportation du sucre colonial, qui est restée
à peu près la même. Ce n'est pas, d'ailleurs, avec
les Etats producteurs de sucre que notre intercourse
s'est le plus développé. Les Etats-Unis, l'Espagne,
les Etats sardes, la Turquie, les Deux-Siciles, la
Russie, ne nous fournissent point de sucre; les
Indes anglaises et hollandaises, les Philippines,
Haïti, le Venezuela, nous fournissent beaucoup de
café et fort peu de sucre; le Brésil nous fournit
plus de café et de cacao que de sucre : c'est assurément un des Etats américains avec lesquels notre
commerce est le plus susceptible de s'accroître,
sans qu'il soit nécessaire pour cela que le sucre en
soit la base. Notre commerce avec l'Amérique ne
figure, en définitive, que pour 16 0/0 dans notre
commerce général maritime; c'est surtout en
Europe et dans le nord de l'Afrique que nos relations sont établies. Ce serait une erreur funeste à
une industrie qui fait la gloire et la richesse de
notre agriculture, que de voir plus longtemps notre
prospérité maritime dans le commerce insignifiant

que nous entretenons avec quelques îlots, qui ser-
viraient à l'Angleterre d'étapes ou de dépôts de
charbon, et dont l'intérêt, habilement invoqué,
n'est utile, en définitive, qu'à quelques ports et à
quelques armateurs.

Nous ne voulons point rabaisser nos colonies;
nous ne voulons pas non plus qu'on se fasse une
fausse opinion de leur importance, et qu'on leur
sacrifie des intérêts beaucoup plus considérables que
ceux qu'elles représentent. D'ailleurs, nos colonies
n'ont-elles d'autres ressources que de faire du
sucre, et ne pourraient elles avec succès entreprendre d'autres cultures? Saint-Domingue produisait naguère 55 millions de kilogr. de café,
3,500,000 kil. de coton, 500,000 kil. d'indigo; la
plantation du cotonnier occupait encore en 1779, à
la Martinique, une surface de 2,726 hectares; la
culture du caféier et du cacaoyer y jouait un rôle
important, que l'extension de la canne leur a fait
perdre. La Réunion, cette oasis de la mer des Indes,
qui donne naissance aux productions les plus variées, a tout sacrifié à la production du sucre (1).
Croirait-on que quelques propriétaires ont recours
au foin de France pour nourrir leurs bestiaux?

(1) Une circulaire récente du gouverneur de la Réunion, à propos des évènements dont l'Inde anglaise est aujourd'hui le théâtre, appelle l'attention des
planteurs de cette colonie sur les dangers que présente la culture trop exclusive
de la canne à sucre, et les engage fortement à réserver une certaine étendue de
leurs terrains à la culture du riz et de quelques plantes légumineuses.

Nos colonies ne produisent rien pour se nourrir;
avec des ressources de sol et de climat incompa-
rables, elles importent la plus grande partie de leur
subsistance : riz, farine, huile, beurre, viande,
légumes, poisson, fromage, graisse, il faut tout
fournir à ces enfants à la mamelle, qui devraient
nous envoyer depuis si longtemps le trop-plein de
leurs productions alimentaires, mais dont l'exportation se borne au sucre, au rhum, au rocou, à la
casse, à de rares épices, et à quelques confitures.
Faites donc du café, du cacao, du tabac, du riz, de
l'huile, du coton, de l'indigo, et ne venez point,
ô colons des Antilles et de la mer des Indes! reprocher à nos cultivateurs la production de ce sucre
qu'ils savent, eux, demander au sol sans l'épuiser,
et sans nuire à la production de ce blé et de cette
viande qu'à vous il faut fournir!

Nous exportons dans nos colonies à sucre pour
64 millions de marchandises; c'est là, a-t-on dit,
un commerce qui n'a point de compensation dans
l'industrie indigène de la betterave. Cette appréciation est entièrement fausse. En France, plus
qu'ailleurs, les produits s'achètent avec des produits, et la sucrerie indigène, qui achète à l'agriculture pour 45 millions de produits, et qui crée
en services productifs de toute sorte près de 50 millions, ne met-elle pas à même les 40,000 ouvriers
qu'elle emploie directement, et tous ceux qui sont

attachés aux industries auxiliaires qu'elle fait valoir,
de se procurer, par d'abondants salaires, ces tissus
de coton, de laine et de soie, ces vêtements, ces
souliers, ces poteries, ces articles de l'industrie
parisienne qui vont aux colonies? Dans un cas,
c'est dans la chaumière de nos paysans ou dans la
mansarde de nos ouvriers que va l'aisance ou le
bien-être; dans l'autre, c'est dans la cabane du
nègre ou de l'Indien. A qui devons-nous la préférence (1)? Nul ne peut hésiter à répondre en faveur
de ceux qui appartiennent à notre sang, à notre
race, si tant est que les progrès de la sucrerie indigène puissent diminuer les ressources des travailleurs de nos colonies. Il y a place encore pour
la chaumière de Paul et Virginie, et la petite culture peut trouver de précieuses ressources dans
l'appropriation et le morcellement de ce sol fécond,
que l'extension déplorable de la culture du sucre
fait passer tout entier aux mains d'un petit nombre
de propriétaires qui l'épuisent, et créent dans le

(1) « Le costume de la classe laborieuse de Manchester choque encore plus
» quand on se souvient du mot prêté à l'un des manufacturiers du Lancashire :
» Qu'on nous ouvre l'accès d'une planète, et nous irons en habiller les habitants !
» Ne pourraient-ils commencer par habiller leurs propres ouvriers? » (*Revue Britannique*; juillet 1857.)
Déjà, de son temps, Franklin ne put s'empêcher de demander à un fabricant
qui lui avait montré les étoffes destinées aux Indes, à la Chine, aux colonies espagnoles, etc., etc. : « Ne pourriez-vous pas me montrer celles qui sont pour
l'Angleterre? » — N'imitons pas l'orgueil et la folie britanniques, et que notre
industrie n'oublie jamais qu'elle a sous la main un marché de 36 millions de consommateurs.

nouveau monde cette classe aristocratique, que nous voyons dans l'ancien tendre généralement à disparaître.

Nous ne demandons ni l'abaissement ni l'abandon de nos colonies, mais nous voulons que les avantages procurés au pays par la fabrication du sucre indigène soient pleinement reconnus; et ils ne peuvent l'être que par la comparaison. « On a trouvé » parfaitement ridicule, dit M. Thiers, de vouloir » faire du sucre avec autre chose que la canne à » sucre, et c'est après sa mort seulement que Napo- » léon a été glorifié par le résultat. Il a été prouvé, » et prouvé au profit de plusieurs puissances euro- » péennes, au profit même de la Russie, qui a » trouvé dans la culture de la betterave un avan- » tage immense pour son agriculture, il a été » prouvé que cet arrêt de la Providence, si légère- » ment prononcé, n'était qu'une impertinence de » l'esprit de parti. »

V

M. Thiers, qui a émis des idées si justes sur les conditions de l'existence de toutes nos grandes industries nationales, et à qui la fabrication du sucre indigène doit une certaine reconnaissance pour avoir déterminé le rejet de l'amendement Lacave-Laplagne, lequel proposait l'interdiction de cette industrie, était d'avis que les deux sucres pouvaient co-exister. L'avenir a prouvé que les vues du président du cabinet du 1er mars étaient les meilleures, et la solution présentée par lui la plus rationnelle.

A cette époque, le prix de revient du sucre des deux origines joua un grand rôle dans les enquêtes auxquelles la rivalité des colonies et de la métropole donna lieu. M. Thiers disait qu'aucune question n'était plus décriée que celle du prix de revient ; nous ajouterons qu'aucune n'est plus difficile à résoudre. Nous déclarons, pour notre part, ne point posséder complétement les éléments nécessaires à une solution satisfaisante de cette question, du moins en ce qui concerne le sucre colonial ; nous considèrerions comme téméraires ceux qui voudraient l'aborder. La fixation d'un prix de revient est une source de renseignements contradictoires, qui amène souvent des mécomptes et des récriminations regrettables. La vanité des fabricants peut diminuer imprudemment les prix, de même que le manque de confiance ou d'expérience peut les grossir au-delà de toute raison.

En 1827, M. Crespel déclarait devant la commission de la Chambre des députés, que son prix de revient n'excédait pas 30 fr. les 50 kilog., pendant que ses confrères du Nord le portaient à 35, 38, et jusqu'à 50 et 55 fr. La même différence se faisait remarquer dans les déclarations des fabricants des autres départements, dont le prix de revient variait de 40 à 50 fr. M. Dumas expliquait très-bien comment la différence du coût de la houille, des betteraves et de la main-d'œuvre pouvait, suivant les localités, faire osciller le prix de revient du sucre brut entre 70, 73, 76 ou 80 centimes le kilog. La part à faire à l'influence des localités est aujourd'hui beaucoup moindre, grâce à nos moyens de communication et surtout aux chemins de fer. Le prix de la houille, d'une zone à l'autre, ne présente plus les mêmes différences qu'autrefois; le prix de la main-d'œuvre s'est nivelé, et la betterave elle-même, dont le coût est commandé par le plus ou le moins de faveur dont jouissent les autres récoltes, ne présente plus, d'un département à l'autre, que les différences occasionnées par la concurrence des fabricants; différences considérables, il est vrai, et qui jettent quelquefois la perturbation la plus fâcheuse dans cette industrie.

Dans les conditions qui ont été faites à la sucrerie indigène par le manque de nos récoltes de céréales depuis quelques années, les anciens prix de vente de 30 à 32 francs les 50 kilogrammes, qui présentaient aux fabricants de raisonnables bénéfices, ne sauraient désormais leur suffire et les constitueraient en perte, ou du moins les placeraient dans une situation tellement précaire, qu'ils seraient hors d'état de supporter la moindre éventualité commerciale financière.

Nous remarquons, dans les colonies, des différences de prix de revient encore plus tranchées que dans les divers centres de fabrication de la métropole. La Martinique et la Guadeloupe ne produisent pas dans les mêmes conditions que la Réunion. Dans les Antilles anglaises, le prix de revient varie d'une île à l'autre; si le quintal de sucre revient à 15 shillings à la Barbade, il en coûte 18 à la Trinité, 22 à la Jamaïque, 25 à Démérary; du moins telle était la proportion il y a quelques années. Les sucres de Maurice, de l'Inde et de Cuba sont produits à des conditions plus favorables; mais ces conditions changent ou sont susceptibles de changer, quoique à un degré moindre que pour la métropole, avec les progrès généraux du commerce et de l'industrie.

Les conditions économiques de la production du sucre varient peu dans les pays à esclaves, la plus grande partie de la population ne participant pas aux changements qui s'accomplissent autour d'elle, et le maître ne pouvant être grevé que de l'excédant du prix de nourriture de ses travailleurs ou du transport de sa marchandise; mais il n'en est pas de même dans les colonies émancipées, où l'offre et la demande des bras peuvent avoir une influence qui n'a pas encore été bien appréciée.

Nous ne savons si beaucoup de planteurs vou-

draient vendre leurs produits à 25 francs, prix of-
ciel de 1836, au port d'embarquement de la colonie;
mais nous pensons qu'à ce prix, ils n'auraient
pas plus de bénéfices que le fabricant de sucre indigène qui livrerait sa bonne quatrième à 50 francs,
en gare de Lille ou de Valenciennes. L'augmentation du salaire des travailleurs de nos colonies,
les frais nécessités par l'immigration des coolies, la
hausse du fret, ont changé pour les colonies comme
pour la métropole, les conditions économiques de
la production du sucre. N'oublions pas, non plus,
que la propriété foncière de nos colonies est grevée
d'une dette hypothécaire inscrite, qui, pour la
Martinique, la Guadeloupe et la Réunion, s'élève à
432 millions, et que le poids de cette dette porte
en grande partie sur les plantations à sucre. C'est
précisément l'importance de cette dette, dont
l'intérêt est considérable, qui a empêché l'établissement du crédit foncier dans nos colonies; dans un
pays où le taux de l'argent est évalué à 10 0/0,
elle sera longtemps un obstacle sérieux aux progrès
de l'industrie.

Quoi qu'il en soit du prix de revient respectif
des sucres colonial et indigène, il est un fait bien
établi, c'est que, en dehors de la concurrence des
produits esclaves et des produits de l'Inde, les deux
industries rivales peuvent coexister, et que, pour
nous servir encore d'une expression de M. Thiers,

le sucre de betterave pousse le sucre de canne, qui à son tour pousse le sucre de betterave. La sucrerie de canne a des avantages particuliers, provenant de la richesse naturelle de la matière première qu'elle emploie et du chiffre relativement peu élevé de ses frais de fabrication ; mais elle a contre elle la difficulté de se procurer un personnel fixe et intelligent, qui lui permette d'appliquer avec succès les nouvelles machines ou les nouveaux procédés, le taux élevé de l'intérêt, l'apathie de ses travailleurs, et enfin l'éloignement des principaux marchés. Il en coûtera toujours plus d'amener un quintal de sucre de la Guadeloupe ou de l'Archipel des Indes au Havre, que de le conduire de Lille ou d'un point quelconque du territoire à l'entrepôt de Paris ; la différence provenant des frais de transport, coulage, assurance, etc., sera toujours de 50 0/0 en faveur du sucre indigène. D'un autre côté, si les frais de fabrication peuvent, dans une proportion que nous n'estimons pas à moins de 50 0/0, être en faveur du sucre de canne, la sucrerie indigène peut, à juste titre, revendiquer son alliance avec l'agriculture, et les avantages qu'elle en peut directement retirer.

La période de 1851 à 1856, a été marquée de deux circonstances qui ont fortement agi sur les conditions économiques de la fabrication du sucre indigène, et qui doivent avoir une très-grande influence sur son avenir dans le département où elle a été le plus concentrée jusqu'à ce jour, nous voulons parler de la distillation de la betterave et de la rareté des céréales. Sous l'action de cette double cause, à laquelle il faut ajouter la concurrence déraisonnable que se sont faite les fabricants, la betterave a passé graduellement de 16 francs les mille kilogr. à 18, 20, 22, 24, 26 fr. pour atteindre quelquefois le prix extravagant de 50 et 52 fr. Les détenteurs de betteraves, alléchés par ce prix magnifique, qu'un très-grand nombre ont obtenu éventuellement, ont pensé qu'il pouvait être durable, et deviennent de plus en plus exigeants (1). Il en résulte que les fabricants du Nord, qui n'ont pas la moindre influence sur le cours des sucres, et qui assistent passivement à la hausse et à la baisse de cet article (2), n'en ont pas davantage sur celui de leur matière première, et se trouvent tous les ans à la discrétion des producteurs de betteraves,

(1) Nous avons déjà fait remarquer que la betterave était cette année revenue à son prix normal. Cela durera-t-il? La concurrence que se font les fabricants cèdera-t-elle devant la nécessité? Il serait téméraire de l'affirmer. Pour notre part, nous croyons que la moindre reprise dans le cours des sucres ou une récolte de blé insuffisante, ramènerait promptement les fabricants ou les cultivateurs du Nord dans la voie des prix exceptionnels où ils étaient entrés.

(2) On ne comprend pas que les détenteurs de 100 millions de kilogrammes de sucre se laissent faire la loi par les spéculateurs et les raffineurs, et que les fabricants n'aient pas tenté de centraliser leurs intérêts en se faisant représenter à Paris par une chambre syndicale, laquelle, opérant comme une maison de banque et de commission, serait chargée de faire les placements pour leur compte, moyennant une légère rétribution. La réalisation d'un tel projet, qui supprimerait d'un coup des intermédiaires inutiles et de dangereux spéculateurs, ferait beaucoup pour la consolidation d'une de nos plus grandes industries, et rentrerait tout-à-fait dans les vues d'une époque dont la tendance générale est à la suppression des intermédiaires et des parasites.

dont ils font la fortune, tandis que d'un autre côté les produits de leur fabrication vont enrichir les spéculateurs de Paris. Ce déplorable état de choses, qui compromet si gravement l'existence d'une industrie qui a tant contribué à la prospérité du Nord et y contribue toujours, quoi qu'il en soit, a donné à un certain nombre de fabricants l'idée de chercher ailleurs des circonstances plus favorables, et de se transporter dans d'autres départements. La migration de cette industrie a déjà commencé, et s'opère en ce moment au profit de la Somme, de l'Aisne, de Seine-et-Oise et de quelques régions du centre; elle ne saurait, au point de vue de ses propres intérêts et de ceux de l'agriculture, être trop encouragée.

Ici se présente l'appréciation d'une question d'économie industrielle qui intéresse vivement la sucrerie indigène, celle de savoir si, contrairement au principe de la division du travail posé par Adam Smith, principe généralement adopté aujourd'hui, les fabricants doivent produire eux-mêmes la matière première de leur industrie, c'est-à-dire être cultivateurs et manufacturiers. A l'origine de la fabrication, c'est dans ces conditions que la plupart des fabricants ont commencé; depuis, par les circonstances naturelles de la production agricole et industrielle, et pour obéir au principe fécond auquel nous faisons allusion, la production de la

betterave a été dévolue aux cultivateurs de profession
et achetée au poids par les fabricants. Les fabricants-
cultivateurs sont devenus l'exception, et l'industrie
s'en est bien trouvée. Il n'y a rien, en effet, de
plus difficile, que de diriger concurremment une
grande ferme et une grande usine, et on ne peut
espérer, dans une double entreprise de ce genre,
notamment dans la culture, arriver aux résultats
économiques que procure le fractionnement de ces
opérations, dont une seule suffit amplement à
l'activité et l'intelligence d'un homme. Toutefois,
on comprend que, dans une contrée où cette industrie est nouvelle et où la culture de la betterave est
peu répandue, il faille donner l'exemple, et que le
fabricant, contraint de se faire cultivateur, pour ne
pas laisser chômer son usine, se livre lui-même à la
production de la matière première qui doit l'alimenter. S'il produit la betterave à un prix plus
élevé qu'un petit propriétaire ou un fermier,
comme d'autre part il cultive plus savamment,
emploie des instruments perfectionnés, et applique
au sol une plus grande masse d'engrais, il en résulte
d'incontestables avantages pour l'agriculture du
pays, qui trouve dans la pratique des bonnes
méthodes culturales un fécond exemple à suivre.

A ce point de vue, une sucrerie indigène pourrait
être une véritable ferme-école, qui, dans les départements où la culture des plantes fourragères ou

industrielles n'a point encore pénétré, rendrait par son enseignement pratique les plus grands services. L'alliance de l'agriculture et de l'industrie manu-facturière sur le même terrain, la production du blé, du sucre, de l'alcool, de la viande, dérivant de la même entreprise (1); cette entreprise occupant une foule d'intelligents employés, d'ouvriers ruraux, et ayant à sa tête des hommes d'action et d'initiative, versés dans la comptabilité agricole et industrielle, apprendrait aux fermiers de la localité quel parti on peut tirer du sol en lui appliquant toutes les forces productives de l'économie rurale; d'un autre côté, en fixant dans la campagne un personnel influent, elle contribuerait singulièrement à y retenir une population, à laquelle le mouvement combiné de l'industrie et de l'agriculture plaît d'ailleurs, et qui trouverait dans des salaires élevés et constants plus d'aisance et de véritable bonheur que dans les villes.

VI

Ici nous ne pouvons nous empêcher de déplorer l'effet des restrictions apportées au raffinage dans les fabriques de sucre par le décret du 27 mars 1852. Sous l'empire de la loi du 13 juin 1851, on sait

(1) Un des modèles du genre est l'établissement de MM. Hette et Cⁱᵉ, à Bresles (Oise); culture, extraction du sucre, raffinage, distillation, etc., tout y est réuni. Les récompenses honorifiques les plus flatteuses ont été décernées à l'habile directeur de cette société.

qu'un certain nombre de fabriques-raffineries s'élevèrent dans le Nord et dans quelques autres départements, dans le but de mêler des sucres bruts du
dehors à leur fabrication, et de poursuivre toute
l'année leurs opérations de raffinage. Si, par l'effet
de la division du travail, le raffinage momentané
n'est point avantageux dans ces sortes d'établissements, il le serait assurément dans des usines mar-
chant toute l'année, ayant un personnel stable et
des opérations suivies. Au rang des principaux
avantages qui en seraient résultés, qui en résulteront
encore, si la législation actuelle, ainsi qu'on est
fondé à l'espérer, est modifiée, nous pouvons placer
celui de retenir dans la campagne une population
de 2,500 à 3,000 travailleurs, formant avec leurs
familles 8 à 9,000 individus, que les vingt ou vingt-
cinq raffineries libres qui convertissent le sucre brut
indigène en sucre en pains, occupent dans les villes
et notamment à Paris. A Dieu ne plaise que nous
cherchions à attaquer l'utile industrie du raffinage!
mais nous ne pouvons nous empêcher de dire, et il
sera aisément admis, que cette industrie serait beaucoup mieux dans les campagnes qu'à Paris, où la présence d'ouvriers de manufactures n'est nullement
nécessaire, et qui, sous ce rapport, pourrait être
fructueusement décentralisée. Nous pensons, au
surplus, vu l'élévation de la houille, des salaires et
des immeubles, que cette industrie est une anomalie

dans la capitale, et qu'elle peut contribuer, dans
une certaine proportion, au prix élevé des sucres.
Le raffinage libre dans les fabriques de sucre de betterave, aurait donc pour nos populations rurales
aussi bien que pour le consommateur, des avantages
particuliers, dignes d'être appréciés par le gouvernement. L'opposition faite à la mesure si juste et
libérale qui l'a permis momentanément, cachait sous
le prétexte de fraude, habilement invoqué, des intérêts considérables qui ne sont ni ceux du fisc ni ceux
du consommateur. D'ailleurs, si une partie du raffinage des sucres indigènes échappait à nos raffineurs,
ne pourraient-ils se rabattre sur les sucres exotiques
et s'adresser aux ports de mer au lieu des entrepôts
du Nord, pour alimenter leurs établissements?

La production de la betterave, la fabrication du
sucre et de tous ses produits accessoires, l'exercice
des industries annexes, telles que la carbonisation
des os, la distillation des mélasses, l'extraction de la
potasse, etc., le raffinage librement pratiqué toute
l'année, créeraient des centres d'industries rurales
d'une importance tellement considérable et d'une
influence si peu douteuse sur les progrès de notre
agriculture et la stabilité de nos populations des
campagnes, que l'attention de nos hommes d'État
ne saurait trop s'arrêter sur cette hypothèse, si aisément réalisable, et que leurs efforts devraient être
employés à développer, par une législation favo-

rable, ces précieux noyaux d'activité industrielle et
agricole.

La consommation actuelle du sucre, en France,
est de 170 millions de kilogr.; qu'on double ce
chiffre, qu'on le porte même à 300 millions, ce qui
représenterait pour chacun une part égale à celle
des habitants du Royaume-Uni; combien, dans ce
cas, faudrait-il de fabriques de sucre pour alimenter
la totalité de cette consommation éventuelle? En
laissant de côté l'agglomération des fabriques du
Nord, et en supposant à chaque fabrique nouvelle
une production moyenne de 500,000 kilogr. de produits, nous trouvons que 800 nouveaux établissements suffiraient à subvenir à la consommation si
élevée de sucre que nous admettons. Qu'on suppose
que soixante départements seulement puissent se
livrer à la culture de la betterave, et nous aurons
trois fabriques, occupant à peine 300 hectares chacune, dans chaque arrondissement. Est-ce là ce qu'on
pourrait appeler l'envahissement du sol par la betterave, et ne serait-il pas à désirer, dans l'intérêt
général de notre pays, qu'il fût envahi de cette manière, et que chaque sous-préfecture pût compter
trois fabriques de sucre dans sa circonscription?

Quelques esprits objecteront peut-être qu'un tel
essor donné à cette industrie, joint au développement que prend concurremment la fabrication coloniale, pourrait amener un encombrement sur le

marché. C'est l'affaire de l'industrie de régler elle-même ses propres affaires et d'équilibrer l'offre et la demande de ses produits ; mais il y aurait un moyen de créer à la sucrerie indigène des débouchés considérables : ce serait de lui ouvrir la frontière et de lui permettre d'alimenter à son tour la consommation des États non producteurs de sucre, parmi lesquels il faut compter, par ordre d'importance, notre colonie de l'Algérie, les États sardes et Monaco, les Deux-Siciles, la Turquie, les États romains et Lucques, la Suisse, l'Autriche, la Toscane, la Grèce, l'Égypte, les États barbaresques, etc.; nous ajouterons, les colonies françaises, où le raffinage du sucre est interdit, et qui figurent dans nos exportations de raffinés de 1856 pour 797,165 kilogrammes.

La législation actuelle ne permet point l'exportation du sucre indigène, et les avantages du commerce international des sucres, auxquels vient s'ajouter la faveur du drawback, sont seuls réservés aux produits des colonies françaises et étrangères. L'exportation du sucre raffiné, pour 1856, a été de 35,708,700 kilogr., dont 6,457,100 kilogr. provenant de nos colonies ; les sommes payées pour primes ont été de 28,674,374 francs. La quantité de sucre brut représentée par ce chiffre de raffinés est *réellement,* en calculant sur un rendement de 83 p. 0/0, de 43,210,325 kilogr. C'est, à très-peu de différence près, le chiffre de l'exportation des sucres étrangers

pour 1856, lequel est de 41,648,187 kilogr. Or,
nous avons vu que dans le transport des sucres
étrangers, la part du pavillon français avait été de
1 p. 0/0 dans le mouvement général de notre marine, soit 67,000 tonneaux, avec 240 navires montés
par 1,600 matelots.

« Le drawback, dit le rapporteur de la commis-
» sion chargée de savoir si le sucre indigène devait
» participer aux bénéfices de l'exportation, est un
» avantage que la loi fait à l'importation du sucre,
» un sacrifice que le Trésor consent non pas seu-
» lement en vue d'un commerce d'échange très-
» étendu, mais avant tout pour assurer à notre
» marine marchande des éléments de transport
» *très-considérables*, c'est-à-dire pour lui donner
» les moyens de former des matelots dont l'État
» peut disposer au premier appel. Ces considérations
» ne militent pas, on le comprend, en faveur du
» sucre indigène... » Quoi! vous appelez un transport très-considérable un tonnage qui n'est pas le
huitième de celui de l'Algérie, qui égale à peine
celui des navires qui font l'intercourse entre l'Angleterre, la Grèce et les îles Ioniennes, et qui n'entre
que pour 1 p. 0/0 dans le mouvement général de
notre navigation! C'est pour entretenir 240 bâtiments et assurer 2,600 matelots à l'État, qu'on
sacrifie les intérêts les plus légitimes d'une industrie qui occupe 55,000 ouvriers et qui fait l'honneur

et la prospérité agricole de nos principaux départements! En vérité, cela n'est pas sérieux, et on ne
fera croire à personne que le développement de
notre marine soit subordonné au transport de quelques milliers de balles de cassonnade qu'on ira
chercher à grand renfort de primes dans les ports
de Maurice, du Brésil ou de Cuba!

Cette réserve en faveur de la sucrerie indigène
faite, nous allons chercher à apprécier les effets de
l'exportation en elle-même, et à dissiper les erreurs
qui peuvent s'élever à l'endroit de cette grave question. Quelques économistes, frappés de la grandeur
de nos exportations de sucre raffiné, se sont de-
mandé si, au lieu de fournir si généreusement à la
consommation des États sardes, de la Turquie, des
États barbaresques, en un mot de tous les États non
producteurs de sucre, ou ne le produisant qu'en
insuffisante quantité, il ne vaudrait pas mieux,
par la suppression du drawback, garder ces sucres
pour notre propre usage et les réserver entièrement
à la consommation nationale. Remarquons que ce
n'est que l'année dernière que des sucres de nos
colonies ont été réexportés après raffinage, et que ce
sont les sucres étrangers seulement qui d'ordinaire
forment la matière de nos exportations. Les sucres
étrangers qui entrent en France à la faveur du drawback n'y viennent pour ainsi dire qu'en transit,
et n'y entreraient plus sans cette condition; ils

prendraient la route de l'Angleterre, de la Hollande et de la Belgique; et ces contrées profiteraient du bénéfice du commerce d'exportation, imprudemment abandonné par nous. Il serait donc déplorable de déférer aux conseils des économistes dont nous parlons; car on ne peut admettre que les clients étrangers de nos raffineurs se passeraient bénévolement de sucre, parce qu'il plairait à la législation française d'interdire à ceux-ci de leur en fournir : ils s'adresseraient aux raffineurs étrangers, et nous verrions tomber en décadence une branche importante de notre travail national. Loin de restreindre ou d'anéantir notre commerce d'exportation, il faut plutôt le faciliter, et appeler les sucres de toute provenance et de toute origine à y concourir.

Le mal n'est point dans le principe de la restitution des droits d'entrée à l'exportation; ce principe est excellent au contraire, en ce sens, qu'il fait circuler en franchise un article que les nations destinataires sont bien libres d'imposer à leur tour, suivant leurs convenances fiscales ou commerciales; le mal est dans l'exagération du drawback, qui constitue une prime non douteuse pour le raffineur, prime représentant la quotité de l'impôt qui résulte de la différence entre le rendement réel et le rendement officiel ou fictif. Cette prime, qui d'ailleurs a été grossie outre mesure par les adversaires du drawback, est réellement de 5,250,000 francs pour

55,700,000 kilogr. de raffinés, représentant les droits sur 5 millions de kilogr., différence entre le rendement réel et le rendement fictif admis par le gouvernement. Elle constitue au raffineur, pour chaque 100 kilogr. de sucre raffiné qu'il exporte, un profit immérité de 6 francs 58 centimes, dont le trésor fait gratuitement les frais, et dont la nation ne tire aucun avantage, si ce n'est celui d'entretenir 1,600 matelots, qui pourraient tout aussi bien aller chercher du coton aux États-Unis que du sucre dans les colonies étrangères. Si le gouvernement doit continuer à donner des primes pour encourager la marine, que ce ne soit pas aux dépens d'une de nos grandes industries nationales, et qu'il mette plutôt nos capitaines et nos armateurs en mesure de se substituer à la navigation étrangère, à laquelle ils laissent faire 60 p. 0/0 de nos transports !

Avant la loi du 28 juin 1856, le rendement était fixé à 70 kilogr., c'est-à-dire que 70 kilogr. de sucre raffiné étaient censés provenir de 100 kilogr. de matière brute et jouissaient en remboursement du droit payé sur cette dernière quantité. Actuellement, le rendement est fixé à 75; mais ce chiffre n'est point encore assez élevé : à défaut de la déclaration des raffineurs, qu'il serait difficile d'obtenir, bien qu'ils soient intéressés plus qu'ils ne le pensent à ne pas cacher davantage la vérité, nous n'en voulons d'autre preuve que les conditions faites par la

législation aux sucreries-raffineries indigènes, lesquelles sont obligées à représenter 83 de sucre raffiné pour 100 kil. de sucre brut, à peine de payer le
droit sur les manquants. Les sucres des colonies
ne rendent pas moins au raffinage que les sucres
de betterave ; ceux de la Réunion et de Cuba sont
meilleurs. Il nous semblerait donc aussi juste que
rationnel de porter le rendement au même chiffre,
c'est-à-dire à 83 p. 0/0 ; et, pour compléter cette
mesure d'équité, de permettre en même temps l'exportation des sucres de toute provenance et de toute
origine, exotique ou indigène, sur la simple production de la quittance des droits de douane.

L'exportation des premiers mois de 1857 a été
égale à celle des cinq premiers mois de 1855 ; elle a
été de 116,000 quintaux métriques, et cela malgré
la réduction de la prime, le rendement ayant été
porté de 70 à 75 0/0. Les restrictions apportées
récemment par la loi sont donc insuffisantes, et les
raffineurs continuent à jouir d'un privilége qui
devrait avoir fait son temps. Le père Labat s'exta-
siait de ce que 2 livres 1/4 de sucre brut de l'habitation du fonds Saint-Jacques, à la Martinique,
habitation qu'il dirigeait, et qui appartenait aux
frères prêcheurs, rendait une livre de sucre raffiné.
Un arrêt du conseil du roi, du 25 mai 1786, établissait qu'il fallait 225 livres de sucre brut pour obtenir
un quintal de sucre raffiné. L'art du raffineur a,

comme on le voit, fait bien des progrès depuis cette
époque. Il ne faut plus que nos raffineurs désa-
vouent leur habileté, et cherchent à nous faire croire
qu'ils n'opèrent pas mieux qu'il y a vingt-cinq ou
trente ans. Leurs intérêts d'avenir, sinon leurs intérêts du moment, seraient sérieusement compromis
par la vive opposition que soulèveraient le maintien
d'une législation surannée et la continuation d'un
système de primes, dont leur industrie, essentiellement vivace, n'a nullement besoin pour se soutenir.
Le gouvernement lui-même se lassera de payer des
sommes qui ne profitent qu'à des intérêts particuliers, et pourrait, par la suppression complète du
drawback, occasionner des désastres qu'il ne tient
qu'aux raffineurs d'éviter, en se contentant du remboursement pur et simple des droits d'entrée. Ils
devraient être les premiers à demander l'élévation
du rendement; c'est le plus sûr moyen de maintenir
leur industrie, et de ne plus l'exposer à des mesures
récriminatoires qui pourraient bien la réduire, sinon
l'anéantir complètement.

VII

Il nous reste, pour compléter nos observations
sur le raffinage libre dans les sucreries indigènes
et sur la libre exportation des sucres de toute origine, à examiner la question du raffinage dans nos
colonies.

A la fin du dix-septième siècle, il y avait à la
Martinique et à la Guadeloupe quelques raffineries
qui avaient un privilége, et qui ne prenaient pas
moins de sept livres de sucre brut du meilleur qui
se trouvât, et à leur choix, pour rendre, quatre à
cinq mois après, une livre de sucre blanc. On peut
juger du grand profit de ces raffineries, dit l'auteur
contemporain à qui nous empruntons ces détails (1);
de sorte que les habitants travaillaient toute l'année
pour enrichir les raffineurs et s'appauvrissaient de
plus en plus. Les habitants finirent par ouvrir les
yeux, et après avoir fait venir des ouvriers du Brésil,
de Cayenne, de France et de Hollande, se mirent à
blanchir eux-mêmes leurs sucres. C'est ainsi que se
répandit le raffinage du sucre dans nos colonies.
Cette pratique étant opposée aux intérêts des raffineurs de la métropole, ceux-ci obtinrent un arrêt du
conseil du roi qui augmentait les droits d'entrée du
sucre blanc de 7 francs par 50 kilogr., ce qui portait
le droit sur les sucres pilés ou terrés à 15 francs
par quintal, et celui sur le sucre en pain à 22 francs
50 centimes. On espérait que cette surtaxe ruinerait
l'industrie naissante du raffinage du sucre dans nos
colonies, et forcerait les habitants à reprendre la
fabrication du sucre brut, dont les droits furent
réduits à 5 francs par quintal. On suivait, en cela,

(1) Le Père Labat.

l'exemple de l'Angleterre, qui prohibait complètement, au profit des raffineurs de la métropole, les
sucres raffinés dans ses colonies. Toutefois, l'effet de
ces mesures restrictives ne se fit pas sentir de suite,
et le commerce des sucres blancs devint une branche
très-importante de l'exportation de nos colonies,
lesquelles en approvisionnaient toute la Méditerranée et les Echelles du Levant.

Depuis, par leurs plaintes et leurs doléances, les
raffineurs de nos ports ont toujours réussi à restreindre, et même à prohiber l'entrée des sucres raffinés dans les colonies. La législation actuelle des sucres
est due, en grande partie, à leur constante influence
dans les conseils de nos divers gouvernements ; ils
ont réussi à faire établir des classifications que le
bon sens réprouve, qui sont la négation de tous les
progrès, et avec lesquelles il serait bien temps d'en
finir. Nous ne pensons pas qu'on puisse sérieusement invoquer l'argument qui, naguère, faisait dire
qu'il était avantageux à la marine d'importer des
sucres bruts chargés de mélasse et d'humidité, en ce
sens qu'elle y trouvait une augmentation de fret
représentant la différence entre le poids du sucre
brut et celui du sucre raffiné qui doit en provenir.
A ce compte, on pourrait charger nos bâtiments de
sable ou de galets et arriver au même résultat. Pour
notre part, nous ne pouvons comprendre le maintien
de ces restrictions, qui entravent d'une manière si

fâcheuse l'industrie de nos planteurs, et ce n'est pas sans étonnement que nous voyons, chaque année, figurer le sucre raffiné au rang des marchandises importées de France dans nos colonies.

Est-ce à dire que, si nos colonies avaient la liberté de raffiner leurs sucres, les raffineries de la métropole cesseraient de travailler pour cela? Nullement; nous sommes même fondé à croire que les planteurs n'useraient que dans une mesure très-restreinte de l'autorisation qui leur serait accordée. L'industrie du raffinage, comme toutes les grandes industries, relève du principe de la division du travail; le raffinage n'a lieu qu'après la transformation du suc des plantes saccharifères en cassonnade ou sucre brut; dans l'état actuel de la fabrication, il faut passer par le sucre brut avant d'arriver au sucre raffiné, et les efforts faits pour arriver directement au sucre blanc n'ont point encore généralement et manufacturièrement abouti.

Pour raffiner, il faut des bâtiments assez considérables et un matériel coûteux; or, il n'y a qu'un très-petit nombre de planteurs qui seraient à même de faire les dépenses nécessaires pour se livrer à ce genre d'opération; et une fois les dépenses faites, rien ne nous dit qu'ils pourraient raffiner dans des conditions aussi économiques que les raffineurs de la métropole. La plupart seraient arrêtés par l'ignorance où ils sont des procédés à suivre et le défaut

d'un personnel assez intelligent. Le manque d'un
combustible autre que la bagasse, à peine suffisant
pour l'extraction du sucre brut, viendrait encore
augmenter le coût et les difficultés du raffinage du
sucre dans nos colonies.

A l'appui de notre raisonnement, nous citerons
la Louisiane, où le raffinage est entièrement libre,
et dont les planteurs préfèrent cependant, pour la
plupart, envoyer leur sucre brut à New-York ou à
Philadelphie, que de le transformer eux-mêmes en
sucre blanc. Nous citerons également le Nord, où
les fabriques-raffineries, depuis les entrayes qui leur
sont suscitées par le décret du 27 mars 1852, aiment
mieux adresser leurs sucres aux raffineurs de Paris,
que de les raffiner elles-mêmes. Sans doute, avec
le temps, nos planteurs des colonies, aussi bien
que nos fabricants du Nord, finiraient par jouir des
avantages naturels de leur position respective ; mais
d'ici là la raffinerie de Paris et des ports aurait le
temps de se préparer à la concurrence ou d'abandonner un terrain sur lequel elle s'est si longtemps
enrichie. En résumé, le raffinage libre de leurs
sucres est le vœu le plus légitime des fabricants de
sucre indigène et exotique, et nous trouvons qu'il est
aussi déplorable qu'injuste de priver ces deux grandes
branches d'industrie des avantages qu'elles sont
fondées à en espérer, avantages qui tourneraient,

en définitive, au profit du consommateur, à qui cela permettrait de livrer le sucre à meilleur marché.

VIII

Nous terminerons l'exposition de nos vues sur la question des sucres, par le programme des modifications que le gouvernement pourrait apporter dans la législation de cette matière, qui a occupé plus qu'aucune autre les hommes d'État et les économistes, et sur laquelle il importe enfin d'arrêter quelque chose qui puisse donner à l'industrie qui en dépend des gages de stabilité et d'avenir :

1° Réduction du droit d'entrée ou de l'impôt à 20 francs par 100 kilogr.;

2° Égalité complète des droits sur les sucres indigènes et sur ceux des colonies françaises, avec les différences habituelles suivant la distance et le pavillon ;

3° Liberté complète du raffinage dans les sucreries coloniales et indigènes ; liberté d'introduire à toute époque dans la fabrication des sucres du dehors ;

4° Modifications du mode d'exercice et de prise en charge adopté pour les fabriques de sucre indigène (1) ;

(1) Nous avons déjà signalé les vices du mode de prise en charge que le gouvernement a cru devoir adopter. L'obligation de payer les manquants est un véritable contre-sens qu'il sera difficile de maintenir plus longtemps. La permanence des employés dans la fabrique sert à établir la position morale du fabricant

5° Impôt des sucres raffinés, calculé sur un rendement de 83 p. 0/0 par 100 kil. de sucre au type ordinaire de la régie ;

6° Libre exportation des sucres de toute provenance et de toute origine ; remboursement des droits sur la base de 83 p. 0/0 de sucre brut au type de la régie ;

7° Surtaxe sur les sucres des colonies étrangères ; cette surtaxe, qui serait habituellement de 20 francs par 100 kil., pourrait disparaître lorsque les sucres français dépasseraient un prix rémunérateur fixé tous les trois ans par une commission consultative des fabricants ou du gouvernement.

Sous cette législation, qui permettrait au sucre raffiné de descendre à 14 ou 15 sous la livre, nous ne doutons pas que la consommation, par son accroissement, ne fût promptement à même de compenser les sacrifices momentanés du gouvernement. Les résultats obtenus en Angleterre, à la suite de l'abaissement des droits sur les sucres de toute provenance, sont là pour nous le prouver.

et fournit à l'exercice la certitude qu'il n'y a point eu de soustraction. Dans ce cas, n'est-il pas profondément injuste et illogique d'obliger le fabricant à payer l'impôt sur un sucre qu'il n'a jamais produit et qu'on sait ne point exister dans son usine? La loi des manquants soulève tous les ans des plaintes justement fondées, et des difficultés administratives qu'il ne tient qu'au gouvernement d'aplanir. Qu'on adopte le mode de prise en charge usité en Belgique et qu'on procède, pour établir le compte de fabrication, par voie d'abonnement. Par ce système, les excédants balanceront les manquants, le fisc évitera aux fabricants des tracasseries inutiles, souvent funestes à leurs intérêts; tandis que d'un autre côté, les droits du trésor seront sauvegardés, et que la régie, en réduisant le nombre de ses employés, pourra épargner des frais de perception assez considérables, que ne paient peut-être pas les manquants ou les excédants saisis.

Ce que nous demandons, c'est presque le libre commerce des sucres; c'est la liberté, moins de justes restrictions envers les États à esclaves de l'Amérique, envers ces agglomérations d'Asiatiques, telles que celles de l'Archipel indien ou des possessions anglaises des grandes Indes, où le salaire est avili, où les besoins sont peu au-dessus de la brute, où la civilisation européenne est encore repoussée, où notre commerce sera toujours subordonné à celui de l'Angleterre, où nos relations ne seront jamais sûrement établies. C'est contre ces foules ignorantes, avec lesquelles nous n'avons aucune solidarité, aucun lien de religion, de mœurs ou de politique, que nous faisons nos réserves, leur préférant le bien-être de nos propres travailleurs et l'avenir de notre agriculture et de notre industrie nationale (1).

(1) Qu'on ne voie point dans ces paroles les aspirations d'une politique égoïste, ni l'expression de tendances qui ne seraient plus dans l'esprit de notre époque. Nous ne méconnaissons point la loi de solidarité qui lie tous les membres de la grande famille humaine, et nous ne voulons pas davantage dénier à la civilisation européenne le grand rôle qu'elle est appelée à jouer dans l'extrême Orient. La France, nation initiatrice par excellence, ne pourra rester longtemps spectatrice impassible des évènements politiques et commerciaux qui s'y accomplissent; mais pour se préparer à remplir la mission que l'humanité attend d'elle, pour renouer le fil interrompu de ses traditions, il faut avant tout qu'elle puisse librement développer ses ressources intérieures et fortifier de plus en plus cette unité nationale qui fait l'admiration et l'envie des autres nations. Or, quoi de plus propre à rendre un peuple indépendant, fier et courageux, que le développement de son agriculture et de tous les arts qui s'y rattachent? C'est à ceux qui savent féconder et s'approprier le sol qu'appartient l'empire du monde. La France, qui pourrait si aisément nourrir une population de 50 millions d'individus, reprendra quand elle le voudra, par le seul développement de sa richesse intérieure, le rôle brillant que la Providence l'appelle à jouer au dehors; elle ne craindra pas alors de s'élancer sur ces rives de l'Indus ou du Gange, où le génie des Dupleix et des Labourdonnais disputait naguère aux froides étreintes de l'Angleterre un des plus beaux empires du monde.

DE LA FABRICATION

DU

SUCRE DE BETTERAVE

APPENDICE

DE LA FABRICATION

DU

SUCRE DE BETTERAVE

APPENDICE

PROJET DE SUCRERIES AGRICOLES

I

Les partisans des colonies aussi bien que ceux de la sucrerie indigène, reconnaissent aujourd'hui que la question des sucres est entrée dans une voie nouvelle, et que l'antagonisme qui éclatait naguère à tout propos entre les produits rivaux de la canne et de la betterave n'existe plus. « Depuis ces dernières années, dit » M. R. Lepelletier Saint-Remy (1), la question des » sucres, au grand honneur comme au grand profit de » notre génération, semble entrer sur le terrain où » l'appelaient depuis longtemps les vœux et l'espoir » des économistes. La consommation du sucre, qui

---

(1) Les colonies françaises depuis l'émancipation, *Revue des deux Mondes*, 1er janvier 1858.

» paraissait immobile en France, est enfin sortie de sa
» stagnation. De 120 millions de kilogrammes, chiffre
» en quelque sorte sacramentel de toutes les statisti-
» ques parlementaires d'avant 1848, elle est passée à
» plus de 170 millions de kilogrammes. Ce résultat,
» quoique bien modeste encore, demande à être cons-
» taté : il prouve en effet que cette denrée est entrée
» dans le mouvement que les progrès du bien-être
» général impriment à la demande de tous les pro-
» duits concourant à l'alimentation publique; mais il
» révèle en même temps qu'aujourd'hui encore elle
» n'est guère que le luxe des classes aisées, au lieu
» d'être celui des classes pauvres, *the poor man's*
» *luxury*, comme disait pittoresquement lord John
» Russell dans son célèbre plan financier de 1841. Or,
» en descendant au fond de la question, il serait facile
» de démontrer mathématiquement que, envisagé au
» point de vue de la masse de la population, le champ
» de la consommation est beaucoup moins limité que
» celui de la production pour la France aussi bien que
» pour le reste du monde. De là cette conséquence,
» qu'en favorisant et développant par de sages mesures
» la progression déjà constatée, on sera forcément
» conduit à l'équilibre des deux forces dont l'inégalité
» a jusqu'ici fait naître l'antagonisme. »

C'est donc à augmenter la consommation et à la
mettre au niveau de celle des Anglais, des Américains,
des Hollandais, que tous nos efforts doivent tendre, et
c'est par la diminution des droits qu'il faut commencer (1). Si l'industrie du sucre en France était libre

(1) Cette question est à l'ordre du jour. Les ports de mer, les fabricants indigènes
et les raffineurs sont unanimes à réclamer la diminution du droit énorme qui pèse
sur cette denrée.

comme elle l'est aux Etats-Unis, où le sucre est produit, expédié, consommé sans la moindre intervention
du fisc, sans que le droit le plus insignifiant frappe
cette utile denrée, la sucrerie indigène n'aurait qu'à
augmenter ses moyens de production et à marcher d'un
pas ferme parallèlement avec la consommation, qu'elle
serait ainsi sûre d'atteindre ou de ne point dépasser;
mais il n'en est point ainsi, et il ne peut sans doute en
être autrement dans notre pays, où la production du
sucre, oscillant entre des points extrêmes, n'a pu
encore prendre son équilibre, et présente depuis quelques années les fluctuations les plus funestes et les
plus extraordinaires.

Ce travail a été commencé au milieu d'une incroyable
pénurie de sucre et de prix tellement élevés, qu'il fallait remonter presque jusqu'à l'époque du blocus continental pour en trouver de semblables; il se termine
en face d'une abondance inattendue, et d'un avilissement des cours qui porte partout la ruine et le découra-
gement! Sans doute la crise financière que nous venons
de traverser, suivie d'une crise commerciale qui n'est
point terminée, est pour beaucoup dans cette augmentation anormale des approvisionnements; mais l'énergie
de la production exotique et indigène, sollicitée par
des cours si exceptionnellement rémunérateurs, a pour
le moins autant contribué à ce résultat, en partie prévu,
et à cet état pléthorique qui menace, en définitive,
d'être fatal aux deux industries, si un prompt remède
n'est apporté, si l'exutoire de la consommation n'est
pas élargi par la main du législateur.

Quels que soient au surplus l'encombrement de nos
entrepôts et l'excessive production de la présente campagne; quel que soit l'avilissement actuel des prix, il est

impossible de voir là autre chose qu'un accident, qu'une éventualité fâcheuse pour l'industrie, contre le retour de laquelle la sucrerie indigène, pour sa part, s'est déjà prémunie en réduisant ses achats de matière première pour la campagne suivante, laquelle présentera, à n'en pas douter, si de nouvelles perspectives ne lui sont ouvertes, un déficit énorme sur celle-ci. Le problème posé par nous, dans le cours de ce travail, n'est donc point complètement résolu, et, de même qu'on ne peut conclure qu'à la suite d'une bonne récolte de céréales il n'y ait plus lieu de ne point agir en vue des années mauvaises, de même l'abondance actuelle des sucres de toute provenance, ne nous garantit nullement contre le retour d'années semblables à 1855 et 1856, et la réapparition des prix élevés qui les ont marquées.

Nous pouvons nous trouver, et il est probable que nous nous trouverons de nouveau, en face d'un déficit relatif dans la production indigène, si une législation réparatrice ne vient promptement en aide à l'industrie dont nous nous sommes efforcé, peut-être vainement, de faire connaître les avantages et d'exposer les conditions d'existence et d'avenir. Les entrepreneurs de cette belle et utile industrie, dont la plupart l'exercent avec une persévérance si mal récompensée, se lasseront de leurs stériles efforts, de leurs sacrifices sans cesse renouvelés, et plutôt que de marcher à une ruine complète ou à une situation sans issue, préfèreront fermer leurs usines et suspendre leurs travaux. Ceci n'est point une vaine menace, ni un argument comminatoire en faveur d'intérêts sérieusement compromis. Beaucoup de fabricants, voyant en Belgique, en Allemagne et en Russie prospérer leur industrie, n'hésiteraient pas à porter dans ces pays leurs capitaux et leur expérience, plutôt que de continuer à jouer plus longtemps la périlleuse partie dans laquelle ils sont engagés.

Depuis 1851, en effet, la sucrerie indigène, par suite des circonstances dont nous avons fait le fidèle exposé, a été constamment s'appauvrissant; on peut dire, sans craindre d'être démenti, que les ressources de la plupart de ses entrepreneurs ont, dans ce court laps de temps, diminué de plus de moitié. Si telle est la récompense d'une industrie si utile à l'agriculture du pays, ne doit-on pas redouter qu'elle n'accomplisse un mouvement rétrograde, et ne tombe dans la décadence la plus complète, au profit des nations continentales de l'Europe, prêtes à recueillir ce glorieux héritage, si laborieusement acquis par des générations encore contemporaines? Ce triste avenir qui lui est offert, et que les plus optimistes ne nous accuseront pas d'assombrir, ne pourrait-il être conjuré? La sucrerie indigène doit-elle tout attendre du gouvernement? Ne porte-t-elle pas son salut en elle-même, et, en dehors des mesures législatives qu'elle ne doit cesser de réclamer, ne peut-elle accomplir une de ces évolutions dont elle a déjà donné tant d'exemples, et sortir victorieuse de la lutte où elle est engagée?

II

La sucrerie indigène est-elle une industrie agricole ou manufacturière? Ce point résolu, sous quelle forme aurait-elle le plus de chances de succès? Si par industrie agricole nous entendons une industrie annexe d'une ferme, utilisant les produits principaux de cette ferme, et ne donnant les siens que comme par surcroît de

ceux de l'exploitation agricole, telle, par exemple, que
la distillation par le procédé Champonnois, la sucrerie
indigène ne peut, quant à présent, prétendre à ce rôle,
qu'elle a rempli pourtant à son origine. Les produits
de la sucrerie indigène sont trop finis, sa machinerie
est trop importante, ses bâtiments d'exploitation trop
considérables, son fonds de roulement trop élevé, son
personnel trop nombreux, pour que cette industrie soit
classée dans la catégorie des industries purement agricoles ; elle est rurale sans doute, mais essentiellement
manufacturière dans ses moyens et ses procédés.

A l'époque, encore peu reculée, où la sucrerie indigène était plutôt une annexe de ferme qu'une industrie
indépendante, elle avait des avantages particuliers
qu'on ne peut méconnaître, qui furent appréciés et
que, tout en tenant compte des progrès accomplis et
des formes nouvelles de l'exploitation économique, il
ne serait peut-être pas impossible de lui rendre. En
envisageant à un certain point de vue ces vastes bâtiments d'exploitation, ce coûteux et puissant matériel,
qui marquent les sucreries d'un cachet tout moderne
de grandeur industrielle, on ne peut s'empêcher pourtant d'être effrayé des énormes dépenses qui en sont
la conséquence nécessaire ; les esprits expérimentés ne
peuvent manquer de reconnaître non plus que ce sont
ces dépenses de toute sorte, portant sur un seul entre-
preneur, qui sont l'écueil fatal de cette industrie, et
que c'est précisément depuis ces dix dernières années,
c'est-à-dire depuis l'établissement des grandes usines,
que les mauvaises chances de la fabrication du sucre
se sont, malgré des progrès réels, le plus multipliées.

A Dieu ne plaise que nous cherchions à nier les progrès accomplis dans les procédés, et à méconnaître

l'incontestable et puissante influence du nouveau matériel dont s'est enrichie depuis un petit nombre d'années la sucrerie indigène ! Quelques-uns de ces instruments sont merveilleux, et ne peuvent trouver leur emploi que dans des établissements d'un caractère réellement manufacturier. Une industrie, d'ailleurs, ne peut rétrograder sous peine de déchéance; mais il lui est permis de chercher un emploi nouveau des forces dont elle dispose, et de rêver une organisation économique différente de celle qu'elle possède. Sous ce rapport, on ne peut nier que la sucrerie indigène ne laisse beaucoup à désirer. Les grandes usines à sucre ne sont point à la portée de tous les centres agricoles, et ce serait vainement démontrer les avantages que cette industrie procure à l'agriculture, si quelques propriétaires ou quelques gros capitalistes pouvaient seuls l'entreprendre et en recueillir les bénéfices.

Telle que la fabrication du sucre de betterave est entendue aujourd'hui, ce n'est guère qu'avec un capital de 500,000 fr., sans parler d'un fonds de roulement éventuel qui peut dépasser de beaucoup ce chiffre, qu'on peut fonder et faire marcher une usine de second ordre. Cette somme, que tant de branches de la spéculation ou d'industries aléatoires trouvent si aisément, est difficile à réunir dans nos communes rurales ; la difficulté s'accroît depuis que des mécomptes, qu'on ne peut plus dissimuler, fondent sur cette industrie, depuis le peu de protection qui l'entoure, depuis l'espèce de défaveur officielle dont elle est l'objet. C'est ainsi que l'emploi industriel de la betterave ne fait pas tous les progrès qu'on pourrait désirer, ou du moins qu'on se rejette sur une industrie d'un ordre plus inférieur, dont les produits n'ont pas le même caractère d'utilité, mais qui a un avantage, celui de se prêter à toutes les formes d'exploitation; nous voulons parler de la distillation de la betterave.

L'utilité de l'exploitation industrielle de la betterave à sucre étant pleinement établie, comment concilier les intérêts de cette industrie avec les intérêts distincts et les ressources de l'agriculture? Y a-t-il un moyen de mettre les procédés actuels d'extraction du sucre plus à la portée des propriétaires ou des fermiers, de la petite et de la moyenne culture, et ne peut-on, en dehors de ces vastes et coûteuses sucreries, faire pour ce produit ce qui a été fait, avec tant de succès, pour l'alcool? Le procédé Champonnois de la fabrication du sucre n'existe-t-il point ou ne peut-il être découvert? Peut-on, en un mot, sans rien changer à la pratique des procédés actuels, et sans abandonner les progrès accomplis, produire économiquement le sucre ou la matière sucrée comme on produit l'alcool, dans chaque grande ferme, dans chaque commune, dans chaque centre important d'exploitation agricole?

Un procédé particulier tendant à résoudre cette question a été proposé; nous voulons parler de la dessiccation de la betterave dans la ferme ou dans les communes : mais ce procédé, purement industriel, sur la valeur duquel nous avons déjà exposé notre opinion, a l'irréparable inconvénient d'anéantir les résidus et de ne rien restituer au sol. On ne peut oublier que le but de la fabrication indigène n'est pas seulement de produire du sucre, mais de favoriser l'engraissement des bestiaux et la production des céréales, et qu'elle ne peut arriver à ce résultat, qu'en produisant des substances alibiles et des engrais. Il faut donc chercher un autre procédé qui, tout en restituant au sol les substances nécessaires à la végétation que la culture de la betterave lui enlève, permette l'extraction économique de la substance sucrée que renferme cette plante, et se plie en même temps aux exigences de la grande industrie.

L'emploi industriel de la betterave dans les grands établissements où s'opère l'extraction du sucre, présente deux phases bien distinctes : dans la première, c"est-à-dire d'octobre à la fin de décembre, la betterave est fraîche et donne en produits saccharins son maximum de rendement; dans la seconde, c'est-à-dire de janvier à la fin de février ou mars, sa richesse saccharine, par suite de l'altération inévitable de la plante, va toujours en décroissant. Si la betterave donne 6 0/0 de sucre dans la première période, elle n'en donne que quatre dans la seconde; c'est entre ces deux chiffres qu'on trouve le rendement moyen obtenu par la sucrerie indigène. Si donc on pouvait trouver le moyen de n'opérer que sur de la betterave fraîche, et d'arriver ainsi infailliblement au rendement de 6 0/0 au lieu de 5, il en résulterait des avantages tels, qu'on ne devrait pas hésiter un instant sur la mise en pratique du procédé qui réaliserait cet heureux progrès.

Si les fabricants de sucre n'avaient pas ce coûteux matériel qu'ils cherchent avec raison à employer toute l'année, s'ils avaient des intérêts de fonds et des frais généraux moindres, si en un mot ils pouvaient naturellement limiter leur fabrication, il suffirait de poser le problème pour le résoudre. Malheureusement, avec l'organisation actuelle des fabriques de sucre, un large approvisionnement de betteraves, conséquence forcée d'une grande puissance productive, est nécessaire, et pour en tirer un bon parti, il faudrait augmenter encore ce matériel, déjà trop coûteux; hypothèse difficile à admettre et plus difficile encore à réaliser. L'altération organique de la betterave et la diminution de rendement qui en résulte, n'est pas le seul inconvénient de l'emploi forcé de masses de racines; il faut y ajouter des frais de manutention multipliés, ensilage, transport, etc., qui, s'ajoutant les uns aux autres, finissent par augmenter dans la proportion de 25 et quelquefois de 50 0/0, au profit d'inutiles intermédiaires, le prix normal de cette matière première.

La fabrication du sucre tourne donc dans un cercle vicieux, et se trouve fatalement dans la nécessité de restreindre sa production et de laisser chômer trop longtemps ses usines, ou, en augmentant son travail, de le faire le plus souvent dans de détestables conditions. Comment sortir de cette alternative? Comment travailler la betterave fraîche et éviter ces frais absurdes de transport, d'ensilage et de manutention? Comment râper la betterave sur les lieux mêmes de production, c'est-à-dire dans un rayon de quelques kilomètres, tout en conservant aux procédés leur valeur industrielle et en opérant dans les meilleures conditions économiques? Si ce *desideratum* de la sucrerie indigène peut être atteint, un grand pas sera fait, et les intérêts agricoles et industriels qui s'y rattachent seront à la fois satisfaits.

III

Depuis longtemps les paysans belges font, à l'aide des procédés les plus simples et les plus primitifs, du sirop de betterave, qui est employé dans le pays ou qu'ils vendent à des marchands étrangers, réservant la pulpe pour l'usage de leurs bestiaux. En Allemagne, de semblables procédés sont suivis, et deux fabriques à

vapeur sont même établies, l'une à Cologne, l'autre à
Hans (1). On a vu là, non sans raison, l'application
d'un procédé simple et peu coûteux, à la portée de la
petite et de la moyenne culture, et la facilité de produire, en dehors de matières saccharines qui ont un
emploi naturel, une pulpe précieuse pour la nourriture
et l'engraissement des bestiaux. Sans doute le procédé
de cuisson employé par ces paysans peut prêter beaucoup à la critique, et il est douteux que le fabricant de
sucre ou le raffineur puisse se montrer très-satisfait de
la qualité saccharine de sirops non déféqués et non
filtrés, cuits à feu nu et obtenus par des moyens empi-
riques qui ont 25 ans de date, et sur lesquels il ne faut
pas songer sérieusement à revenir.

Mais n'y a-t-il pas néanmoins, dans ce procédé tout
primitif, une idée féconde et des avantages particuliers
qu'on en peut aisément dégager? N'y a-t-il pas là une
application pour ainsi dire instinctive du grand principe économique de la division du travail, principe tout
puissant, qui partout régit ou doit régir l'industrie?
La division du travail, qui accomplit des merveilles
dans un si grand nombre d'industries, et qui est la véritable loi du bon marché, existe-t-elle suffisamment
dans la sucrerie indigène? Les risques du cultivateur,
de l'industriel, et nous ajouterons du commerçant, car
le fabricant de sucre est souvent obligé d'être tout cela,
ne sont-ils pas trop confondus? La tâche du manufacturier lui-même n'est-elle pas trop complexe, trop
au-dessus de ses forces, et, se composant d'éléments
dont quelques-uns sont insaisissables, ne concentre-
t-elle pas fâcheusement sur lui des risques qu'il serait

(1) Rapport de M. Estancelin.

possible de répartir? En un mot, de même que la sucrerie indigène tend aujourd'hui à abandonner l'annexe des raffineries, ne pourrait-elle, par un fractionnement plus grand et aussi rationnel, abandonner l'annexe de la fabrication du sucre proprement dite et procéder, dans des établissements distincts.et indépendants, d'une part à l'extraction du jus et à la fabrication des sirops, de l'autre à l'élaboration et au raffinage du sucre?

Qu'on sépare, par la pensée, toute la partie d'une usine à sucre qui comprend l'atelier des râpes, la défécation, la filtration des jus et l'évaporation, de celle qui comprend la clarification, la filtration des sirops, la concentration, la cristallisation, le turbinage, etc.; qu'on place, si l'on veut, entre ces deux ateliers scindés, qui font aujourd'hui partie intégrante du même établissement, la voie publique; qu'on augmente encore cette distance, et qu'on la porte, pour poursuivre notre hypothèse, à celle qui existe entre les fabriques de sucre actuelles et les raffineries centrales : il y aura dans tous les cas des ateliers aussi complets que s'ils étaient réunis, et qui, pour être séparés, ne perdront rien de leurs avantages économiques, si ce n'est à leur charge d'insignifiants frais de transport ou de combustible sur l'eau contenue dans les sirops destinés à être expédiés et travaillés de nouveau (1). N'y aurait-il pas

---

(1) Un hectolitre de jus de betterave à 30 degrés de densité, degré habituel des sirops livrés à la clarification après l'évaporation, représente un volume de 12 p. o/o environ du jus naturel. Pour ramener ce sirop à un degré qui présente toutes les garanties de conservation et le réduire à un volume qui serait à celui de la betterave comme 10 est à 100, il faudrait évaporer environ 20 p. o/o de son poids d'eau, soit 21 litres 60 par 1000 kilogr. de betteraves; or, comme il faut dans la pratique 1 kilogr. de houille pour vaporiser 6 à 7 kilogr. d'eau, il en résulte que l'augmentation de dépense de combustible ne serait que de 3 kilogr.

là une application précieuse et féconde de la division du travail, et les résultats pourraient-ils un instant en être douteux?

Le but principal des cultivateurs étant de tirer un bon parti de leurs betteraves, de s'assurer de la pulpe, et non de faire du sucre en s'intéressant à des entreprises qui peuvent leur donner plus de déboires que de profits, on verrait des appareils de coction se monter dans les grandes et moyennes fermes, et celles-ci livrer leurs sirops aux fabricants de sucre; on verrait en outre, et cette forme d'exploitation serait préférable, des râperies plus ou moins importantes se monter dans la plupart de nos communes; et comme les conditions économiques du râpage de 10 ou 20,000 kilog. de betteraves par jour sont à peu près les mêmes que celles de 50 ou 100,000 kilog., il ne se monterait sans doute plus de ces vastes usines qui, pour entretenir leur coûteux et superbe matériel, sont forcées d'opérer sur 15, 20 ou 25 millions de kilog. de racines, desquelles elles ne peuvent, malgré tous leurs efforts, tirer tout le parti désirable. La betterave, employée fraîche dans un court laps de temps, mise en œuvre pour ainsi dire immédiatement après son arrachage et sur les lieux mêmes de production, fournirait toujours son maximum de rendement; tandis que d'un autre côté, la fabrication du sucre proprement dite, trouverait dans des sirops excellents, des garanties non douteuses de succès.

---

de charbon pour 1000 kilogr. de betteraves, soit un centième de la dépense générale du combustible. Quant à l'excédant de frais de transports, il ne porterait que sur 2 p. % du poids de la betterave, et serait compensé par le rang inférieur que les sirops occupent au tarif des chemins de fer.

Nous avons dit que le fractionnement des opérations
de la sucrerie indigène n'enlevait rien à la valeur industrielle des procédés; cette assertion, fondée sur la
pratique, sera admise sans difficulté par toutes les personnes familières avec la fabrication du sucre : il n'est
pas douteux, en effet, que des sirops de betterave déféqués et filtrés, puis concentrés de 36 à 40 degrés, ne
soient susceptibles de se conserver aussi longtemps que
du sucre brut, surtout avec le caractère alcalin qu'ils
présentent, et n'offrent les mêmes facilités de transport
que des matières sèches. Il n'est pas certain, non plus,
que l'emploi du noir en grain fût indispensable; dans
ce cas, les opérations premières, se réduisant au râpage,
à l'expression et à l'évaporation des jus déféqués, pré-
senteraient un caractère de simplicité que la distillation
elle-même ne pourrait atteindre.

Lors de la création des distilleries de betterave dans
le Nord, comme annexes des fabriques de sucre, les
fabricants furent unanimes à se féliciter de la rapidité
que leurs opérations allaient acquérir, et de l'avantage
qui allait résulter pour eux de la suppression de cette
longue queue de fabrication, qui leur occasionne généralement tant de frais, tant de mécomptes et tant d'embarras. Ce résultat, qui n'était qu'éventuel, serait sûrement et définitivement atteint par le fractionnement
que nous proposons, et le fabricant, expédiant à la fois,
sous la forme la plus simple et la plus élémentaire, des
sucres de 1er, 2me, 3me, 4me jet et mélasse, s'exonérant
en même temps de la dure obligation des manquants,
rendrait ses travaux accessibles au personnel le moins
spécial ou le plus inintelligent, et, établissant son atelier
dans une grange, se débarrasserait, d'un seul coup, de
cette partie la plus coûteuse de son outillage qui com-

prend les appareils de cuite, réchauffoirs, turbines, bacs de cristallisation, citernes, chauffages, etc.

Dans l'hypothèse de la réalisation de ce projet, qui n'est nullement chimérique, et repose tout entier sur une saine observation des faits, les fabriques anciennes pourraient recevoir les sirops produits par les fabriques nouvelles, et de la sorte réduire notablement leur approvisionnement de betteraves; ce qui leur permettrait de les mettre en œuvre dans les meilleures conditions. Les distilleries annexées, devenues depuis la baisse des alcools pour la plupart inutiles, pourraient, avec quelques additions de peu d'importance, se mettre en mesure de fabriquer elles aussi des sirops. Il ne faudrait plus parler de centaines de mille francs (1) pour créer des établissements nouveaux, et cette industrie, s'affranchissant de la commandite capitaliste, pourrait, avec peu de ressources, donner des bénéfices relatifs certains à ses entrepreneurs, tout en rendant des services signalés à l'agriculture du pays. Les propriétaires ou fermiers ne participeraient plus aux dangereuses et fréquentes éventualités de l'industrie manufacturière; tandis que les fabricants, à leur tour, n'achetant que des matières saccharines titrées, rentreraient dans la condition des raffineurs libres, et se trouveraient ainsi exonérés des risques qu'ils courent tous les ans en opérant sur des matières premières dont le rendement leur est inconnu à l'avance, dont l'altération organique ne peut jamais être prévue; toutes circonstances qui rendent leur in-

---

(1) Pour opérer pendant trois mois, la dépense s'élèverait environ à
80,000 fr. pour 5,000,000 kilogr. de betteraves.
40,000 — 2,500,000. —
25,000 — 1,250,000 —

dustrie, telle qu'elle s'exerce actuellement , la branche de travail la plus aléatoire qu'on puisse imaginer.

Les avantages que nous venons d'énumérer, ne sont pas les seuls qui ressortiraient de cette nouvelle organisation de la sucrerie indigène. En se plaçant dans de meilleures conditions économiques, en retirant sûrement de la betterave la plus grande partie du sucre cristallisable qu'elle contient, et diminuant ainsi, dans une proportion très-grande, son prix de revient; en se repandant dans toutes nos communes rurales, en devenant une annexe naturelle de la plupart de nos exploitations agricoles, la sucrerie indigène ne tarderait pas à acquérir une vitalité prodigieuse, et une force d'expansion contre laquelle toutes les circonstances extérieures ne pourraient plus rien.

Avons-nous besoin d'ajouter que les procédés d'extraction du sucre de sorgho, plante dont la culture a tant d'avenir dans le midi de la France et en Algérie, seront, à n'en pas douter, singulièrement semblables à ceux que nous venons de préconiser? C'est alors que l'industrie du sucre indigène , étendant ses branches au nord et au midi, et pouvant également prospérer dans toutes les autres régions de l'est, de l'ouest et du centre, serait définitivement acquise à notre pays, et sortirait enfin de la phase critique où elle est aujourd'hui, pour entrer dans une période d'un succès solide et durable.

IV

Tel est le projet que nous présentons à l'appréciation des savants, des industriels, des agriculteurs, de tous les hommes éclairés qui s'occupent de cette industrie, et qui ont à cœur la prospérité agricole de leur pays. Nous ne devons pas nous le dissimuler, la législation actuelle des sucres, le mode d'exercice qui régit les fabriques indigènes, sont un obstacle insurmontable à sa réalisation : la fabrication du sirop ne pourrait être empêchée; mais la circulation de ce produit éprouverait des obstacles sérieux, et les sucreries actuelles n'auraient point le droit de l'introduire dans le cours de leur fabrication. En face des intérêts majeurs de l'agriculture et de ceux de l'une de nos principales branches de travail, le gouvernement s'empresserait, sans aucun doute, de lever les obstacles que nous signalons, et de modifier profondément les règlements et la loi des sucres. La sucrerie indigène sollicite ce changement de toutes ses forces; elle appelle de tous ses vœux l'abrogation de ces règlements, qui datent d'une époque de rivalité et d'antagonisme, mais qui n'ont plus de raison d'être aujourd'hui, et qui seraient pour elle, s'ils subsistaient plus longtemps, le lit de Procuste où elle devrait fatalement périr.

FIN.

NOTE

SUR LA PRISE EN CHARGE

DE

LA RÉGIE DES CONTRIBUTIONS INDIRECTES

DANS LES FABRIQUES DE SUCRE INDIGÈNE,

Par M. B. CORENWINDER.

Depuis la promulgation de la loi du 31 mai 1846, le minimum de la prise en charge, dans les fabriques de sucre, est de 1,400 gr. par hectolitre de jus et par degré de densimètre, c'est-à-dire que le fabricant est assujetti à payer l'impôt, au minimum, sur une quantité de sucre qui s'obtient *à priori* en multipliant le nombre d'hectolitres de jus mis à la défécation par le degré observé et par 1,400 grammes.

Le jus, par exemple, a une densité de 4° ou 1,040 (le poids spécifique de l'eau étant 1), 1 × 4 × 1 k. 400 ou 5 k. 60, est la quantité de sucre dont le fabricant doit rigoureusement acquitter l'impôt à l'administration pour chaque hectolitre de jus fabriqué à 4 degrés.

Ce minimum de prise en charge est-il justifié par des données expérimentales, par des observations rigoureuses? Nous ne le pensons pas, et nous allons prouver que, dans la plupart des circonstances, le facteur 1,400 gr. est beaucoup trop élevé.

Nous avons réuni dans le tableau suivant les chiffres indiquant les richesses saccharines de la betterave, comparées avec la densité du jus. Ces chiffres sont le résultat d'un grand nombre d'analyses, et leur moyenne représente, avec un degré d'approximation suffisant, la quantité de sucre qu'on doit attribuer à la betterave. Ils peuvent servir efficacement à discuter le mode d'appréciation du rendement probable employé actuellement par la régie des contributions indirectes.

L'examen de ce tableau nous apprend d'abord que la densité du jus est loin d'être dans le même rapport que le sucre dans la betterave. *A priori*, cette anomalie apparente est facile à expliquer. Outre le sucre, la betterave renferme encore des matières salines et albuminoïdes dont la présence influe sur la pesanteur spécifique du jus. Ces matières étrangères sont, relativement, plus abondantes dans une betterave pauvre que dans une betterave riche, parce que les conditions qui nuisent à la production du sucre sont celles, au contraire, qui favorisent le développement des éléments salins et azotés. Ces analyses prouvent surabondamment cette vérité, et, à ce point de vue, elles infirment déjà la valeur d'un procédé d'évaluation du rendement probable, fondé sur l'observation de la densité du jus.

Tableau comparatif de diverses densités du jus de betterave et de la quantité
de sucre constatée pour chacune d'elles.

Densités de 3° à 4°.		Densités de 4° à 5°.		Densités de 5° à 6°.	
Poids du litre.	Quantité de sucre par litre.	Poids du litre.	Quantité de sucre par litre.	Poids du litre.	Quantité de sucre par litre.
1030	51.06	1040	69.17	1050	113.64
1030	50.47	1040	61.76	1050	108.70
1030	60.59	1040	72.47	1050	106.05
1032	72.47	1040	88.94	1050	106.05
1036	72.47	1042	92.23	1051	98.82
1036	70.97	1043	82.35	1051	108.67
1037	63.40	1043	93.88	1052	120.23
1037	83.06	1043	97.17	1852	120.23
1038	79.40	1043	82.00	1852	113.64
1038	77.44	1044	88.94	1052	108.70
1038	70.82	1044	87.27	1054	113.83
1038	72.47	1044	87.29	1054	126.82
1038	83.00	1044	85.81	1055	115.20
1038	85.60	1044	98.00	1055	115.20
1038	82.35	1045	113.64	1055	108.70
1039	67.50	1045	110.00	1056	116.90
»	»	1045	97.25	1056	92.23
»	»	1045	98.82	»	»
»	»	1045	90.60	»	»
»	»	1046	92.88	»	»
»	»	1046	98.82	»	»
»	»	1046	102.12	»	»
»	»	1046	84.00	»	»
»	»	1047	102.12	»	»
»	»	1049	126.82	»	»
»	»	1048	98.82	»	»
»	»	1048	105.41	»	»
»	»	1049	98.00	»	»
»	»	1049	95.53	»	»
»	»	1049	107.00	»	»
1035.8	71.44	1044.7	93.30	1052.6	111.39

Mais, nous dira-t-on, il ne suffit pas de condamner une méthode, il faudrait
encore en proposer une qui fût susceptible de donner de meilleurs résultats.

Nous ne pensons pas qu'il faille rejeter absolument l'emploi du densimètre pour
l'évaluation *à priori* du rendement probable de la betterave, mais nous croyons
qu'il faut modifier le facteur 1,400 gr., qui, d'après ce que nous allons démontrer, est trop élevé, et le remplacer par un chiffre plus en harmonie avec les
données expérimentales.

Dans le tableau suivant, nous avons indiqué, dans la première ligne, les richesses saccharines moyennes du jus de betterave correspondantes aux degrés les plus
ordinairement observés; ces moyennes ont été établies proportionnellement à celles
qui résultent de nos analyses et qui sont consignées au bas du premier tableau.

Dans la seconde ligne de ce deuxième tableau, nous avons fait figurer les
prises en charge de la régie pour les différents degrés du densimètre. Il est évi-
dent qu'en retranchant les chiffres inférieurs de ceux qui leur correspondent dans

la ligne supérieure, les restes expriment les quantités de sucre qui excèdent la quotité de la prise en charge pour chaque degré du densimètre; ils indiquent conséquemment ce que l'administration suppose devoir rester de sucre dans les mélasses, les pertes à subir à la filtration, l'évaporation, la clarification, etc.

	Densité 3°.	Densité 3°.5.	Densité 4°.
Richesse saccharine correspondante par hectolitre.	5ᴷ.986	6ᴷ.984	8ᴷ.348
Prise en charge actuelle de la régie (1 k. 400 × le degré) par hectolitre.	4ᴷ.200	4ᴷ.900	5ᴷ.600
Différence.	1ᴷ.786	2ᴷ.084	2ᴷ.748

	Densité 4°.5.	Densité 5°.	Densité 5°.5.
Richesse saccharine correspondante par hectolitre.	9ᴷ.362	10ᴷ.588	11ᴷ.647
Prise en charge actuelle de la régie (1 k. 400 × le degré) par hectolitre.	6ᴷ.300	7ᴷ.000	9ᴷ.700
Différence.	3ᴷ.092	3ᴷ.588	3ᴷ.947

On remarque que, si le fabricant opère sur des jus ayant une densité de 5°, le reste est de 3 k. 588 par hectolitre; ce reste pourra évidemment, dans la plupart des cas, être suffisant pour que le fabricant atteigne le minimum établi sur la base de 1,400 grammes par hectolitre; mais, si la densité n'est que de 3°.5 ou même 4°, les différences seront inférieures à la quantité de sucre qui doit disparaître par la suite des opérations, ajoutée à celle qui sera retenue dans les mélasses, et alors il aura fatalement des manquants.

L'expérience a justifié cette démonstration; tous les hommes compétents savent qu'avec des betteraves au-dessous de 4° on a inévitablement des manquants.

Nous avons la certitude qu'on peut évaluer à 1 k. 250 par hectolitre de jus à 4° la quantité de sucre qui disparaît, tant dans les écumes de défécation que dans les diverses manipulations, telles que :

La filtration sur le noir animal,
L'évaporation,
La cuite des sirops premiers jets,
La clarification et la filtration des seconds jets,
La cuite des troisièmes et des quatrièmes jets.

Il en résulte que, si l'on opère sur du jus à 4 degrés qui contient, d'après l'expérience, en moyenne 8 k. 348 de sucre par hectolitre, la richesse saccharine de ce jus se trouve réduite en réalité à 8 k. 348 — 1 k. 250, ou.. 7ᴷ.098
La prise en charge (à 4°) étant de........................ 5ᴷ.600
Il reste........................ 1ᴷ.498

Il faudrait donc, pour que la prise en charge ne fût pas trop élevée, que ce dernier reste ne fût pas inférieur à la quantité de sucre qui doit être retenue dans les mélasses.

Or, il est positif que les fabricants obtiendront cette année de 3 k. 5 à 4 kilogr. de mélasse épuisée par hectolitre de jus primitif à 4°. Un grand nombre d'entre eux assurent même qu'ils en auront davantage.

Par suite de nombreuses analyses, nous pouvons affirmer que les mélasses pesant 46 à 47 de l'aréomètre Baumé, en un mot dans l'état de concentration où elles se trouvent dans les vaisseaux de cristallisation, renferment de 48 à 50 pour 100 de sucre qu'on n'en saurait extraire par les moyens ordinairement employés.

Sucre.

Il restera donc dans 3 k. 750 de mélasse au minimum.......... 1ᴷ.800
En déduisant l'excédant de la richesse absolue sur la prise en charge. 1ᴷ.498

Il reste........................ 0ᴷ.302

Il résulte incontestablement de ces exemples que les mélasses retiendront obstinément 302 gr. de sucre par hectolitre de jus à 4°, et cependant ces 302 gr. ont été pris en charge par la régie.

Si la densité du jus n'est que de 3°.5, la quantité de mélasse produite sera un peu moins considérable; on peut l'évaluer de 3 kil. à 3 k.50 par hectolitre.

Remarquons aussi qu'avec des jus plus faibles, la perte, dans les manipulations, sera un peu moins importante. D'après des observations certaines, elle peut être fixée, au minimum, à 1 kil. de sucre par hectolitre.

Cela posé, si, de la quantité de sucre contenue d'une manière absolue dans un hectolitre de jus à 3°.5 ou de.............. 6ᴷ.984
On déduit, pour la perte dans le travail,...................... 1ᴷ.000

Il reste........................ 5ᴷ.984
La prise en charge à 3°.5 étant........................... 4ᴷ.900

Différence. 1ᴷ.084

La quantité de sucre qui doit rester dans les mélasses est en moyenne
3 k. 250 × 48/100 ou................................... 1ᴷ.560
En déduisant l'excédant sur la prise en charge................ 1ᴷ.084

Reste. 0ᴷ.476

Le manquant par hectolitre de jus à 3°.5 sera donc de 476 gr., c'est-à-dire que l'industriel qui opère sur des jus ayant une densité moyenne de 3°.75 (ce qui est le cas le plus général cette année) éprouvera tous les jours un déficit sur la prise en charge de 302 gr. + 476

$$\frac{302 \text{ gr.} + 476}{2}$$ ou 0 k. 389 gr. par hectolitre de jus. Ce déficit,

il est vrai, se trouvera atténué par la décharge de 5 pour 100 que l'administration accorde sur les mélasses, mais néanmoins il sera encore fort élevé dans les conditions que nous venons d'établir. D'après les renseignements qui nous parviennent, nous croyons pouvoir affirmer que nous ne présentons pas la situation dans son jour le plus sombre, et que les manquants prendront, cette année, des proportions beaucoup plus considérables.

Est-il bien équitable de faire à un industriel une position plus défavorable lorsqu'il a des betteraves de mauvaise qualité que lorsqu'il a la chance heureuse d'en manipuler dont la densité et la richesse saccharine sont élevées? N'est-ce pas aggraver sa position que d'exiger de lui proportionnellement plus de rendement en sucre alors que la betterave est pauvre que lorsqu'elle est riche, et ne faudrait-il pas, dans tous les cas, quelle que fût la densité du jus, que la différence entre la richesse saccharine absolue et la prise en charge fût toujours la même que si la densité était de 5 degrés?

Dans le tableau suivant, nous avons déduit de la richesse saccharine absolue les quantités de sucre qui devraient être prises en charge par chaque degré du densimètre, pour que les restes fussent tous égaux au chiffre 3 k. 588, qui exprime l'excès de la richesse saccharine à 5° sur la prise en charge au même degré.

Densité 3º.	Densité 3º.5	Densité 4º.	Densité 4º.5	Densité 5º.	Densité 5º.5
Kil.	Kil.	Kil.	Kil.	Kil.	Kil.
5.986	6.984	8.348	9.392	10.588	11.647
2.398					
	3.396				
		4.760			
			5.804		
				7.000	
					8.059
3.588	3.588	3.588	3.588	3.588	3.588

On remarquera que, pour arriver à obtenir des restes égaux, il faut déduire par hectolitre :

$$
\begin{aligned}
\text{Pour } 3º.0 \quad & 2^K.398 \quad \text{ou} \quad 0^K.799 \times 3 \\
- \quad 3º.5 \quad & 3^K.396 \quad \text{ou} \quad 0^K.970 \times 3.5 \\
- \quad 4º.0 \quad & 4^K.660 \quad \text{ou} \quad 1^K.190 \times 4 \\
- \quad 4º.5 \quad & 5^K.804 \quad \text{ou} \quad 1^K.288 \times 4.5 \\
- \quad 5º.0 \quad & 7^K.000 \quad \text{ou} \quad 1^K.400 \times 5 \\
- \quad 5º.5 \quad & 8^K.059 \quad \text{ou} \quad 1^K.465 \times 5.5
\end{aligned}
$$

Or les facteurs qui multiplient les degrés successifs se trouvent très-rapprochés des nombres.

$$
0\,k.\,800, \quad 1\,k.\,000, \quad 1\,k.\,200, \quad 1\,k.\,300, \quad 1\,k.\,400, \quad 1\,k.\,500.
$$

Il en résulte nécessairement que ce sont ces différents facteurs qui devraient être adoptés pour les degrés correspondants :

$$
3º.0, \quad 3º.5, \quad 4º.0, \quad 4º.5, \quad 5º.0, \quad 5º.5.
$$

et alors, quelle que fût la richesse de la betterave, on n'exigerait pas du fabricant un minimum plus considérable que si la densité de cette racine était uniformément de 5º.

On ne concevrait pas évidemment que l'administration pût être plus exigeante quand le degré du jus est faible que lorsqu'il atteint le nombre 5. Si, à la fin de la campagne, elle constate des excédants dans les années favorables, ces excédants viennent augmenter le chiffre qui incombe déjà au compte du fabricant; dans les mauvaises campagnes, même avec une prise en charge établie sur des bases conformes à celles que nous venons de fonder, les excédants seraient souvent peu considérables, peut-être même seraient-ils nuls quelquefois, et dans tous les cas l'administration aurait toujours le droit de les prendre en charge, comme elle le fait actuellement dans les années où la betterave est de bonne qualité.

S'il était au pouvoir du fabricant de donner constamment à la betterave une richesse saccharine supérieure, il ne manquerait évidemment pas de le faire, et l'administration n'aurait-elle pas toujours alors à constater des excédants?

La prise en charge de 1,400 grammes a été établie à une époque où l'on croyait que la richesse saccharine de la betterave était irrévocablement de 10 pour 100, et la densité la plus habituelle de 5º; mais aujourd'hui que de nombreuses observations ont démontré le contraire, aujourd'hui que le cultivateur, tenté par le haut prix que cette racine a atteint dans ces dernières années, a, pour ainsi dire, transformé la betterave en une plante plutôt azotée que saccharifère, il est certain que cette richesse de 10 pour 100 est l'exception, non-seulement dans l'arrondissement de Lille, mais encore dans beaucoup d'autres contrées.

Y aurait-il le moindre inconvénient à modifier le minimum de 1,400 grammes, conformément aux données expérimentales et positives que nous venons de développer? Nous ne le pensons pas.

A notre avis, la prise en charge ne peut plus être considérée aujourd'hui, depuis l'établissement de la permanence, que comme un renseignement primitif destiné à éclairer l'administration sur les résultats probables de la campagne, et à contrôler les opérations ultérieures des fabricants. Il est peu rationnel, en effet, d'asseoir irrévocablement la base de l'impôt sur une donnée incertaine, entachée de nombreuses causes d'erreurs, alors que, dans la suite des opérations, on obtient des résultats incontestables et dont l'autorité est infaillible.

On conçoit que, lorsque les fabriques de sucre n'étaient pas exercées avec la rigueur salutaire qui existe aujourd'hui, on devait exiger du fabricant la représentation rigoureuse du minimum de sucre évalué par la prise en charge; mais, depuis l'établissement de la permanence, cette rigueur est devenue inutile, car le service est toujours assuré que l'impôt sera perçu dans toute son intégralité.

Non-seulement aujourd'hui l'administration fait constater par ses agents le volume du jus de betterave qui est mis en fabrication et la quantité de sucre qu'elle suppose que ce jus doit produire, mais elle est armée encore d'une comptabilité admirable, véritable chef-d'œuvre de science administrative, qui permet à l'employé de faire à chaque instant l'inventaire des sirops existant dans l'établissement qu'il est chargé de surveiller.

Sur un registre, le fabricant est obligé d'inscrire lui-même, avec une exactitude rigoureuse, les volumes de sirop cuit qu'il fait verser dans les vaisseaux de cristallisation; un autre registre tenu par l'employé chargé du service permet d'établir, tous les jours, la situation de ces vaisseaux, de constater ceux qu'on emplit et ceux qu'on vide; cet employé prend même une note exacte des affaissements naturels qu'éprouve le sirop par son refroidissement; il assiste à sa purgation par les turbines ou par les moyens anciens; il enregistre le sucre obtenu après l'avoir fait peser sous ses yeux, le fait déposer dans un magasin dont les fenêtres sont grillées et dont il conserve la clef. Enfin il suit pas à pas les transformations qu'éprouvent les eaux mères des cristallisations successives; pas un litre de sirop, pas un kilogramme de sucre ne peut être détourné de sa destination légitime, jusqu'au moment où il est permis au fabricant de disposer des mélasses épuisées de tout le sucre qu'elles peuvent fournir par les moyens ordinairement employés.

Il est donc incontestable, tout le monde en convient, que la fraude est matériellement impossible dans les fabriques de sucre. Dans le cas de prévarication, peut-être, des abus pourraient avoir lieu; mais cette hypothèse est inadmissible, d'abord parce que la prévarication n'existe pas dans l'administration française, ensuite parce que le service du contrôle et de l'inspection la rend impossible.

De bonne foi, en présence de ces formidables moyens de répression, quel caractère peut avoir la prise en charge établie sur les bases actuelles? Le premier fabricant qui, sous l'empire de la législation aujourd'hui en vigueur, a payé des manquants, a démontré l'inexactitude de la prise en charge : la première constatation qu'on a faite d'un manquant a prouvé, non pas qu'un fabricant avait fraudé, mais qu'on avait exigé de lui ce qu'il lui était impossible de fournir, c'est-à-dire plus de sucre qu'il n'en pouvait extraire de la matière première employée.

Pour nous résumer, nous croyons, que depuis l'établissement de l'exercice en permanence, le minimum exigé à priori d'après la densité du jus est devenu aléatoire, et que l'administration pourrait se contenter, sans inconvénient pour le trésor, des moyens rigoureux de répression que lui procure sa comptabilité;

272

toutefois, si l'on persiste à maintenir le principe d'une prise en charge quelconque, ce qui précède démontre que le chiffre de 1,400 grammes est trop élevé et doit être remplacé par un autre nombre plus en harmonie avec les résultats de l'expérience et de l'observation.

Extrait du Journal d'Agriculture pratique, n° du 5 mars 1858.)

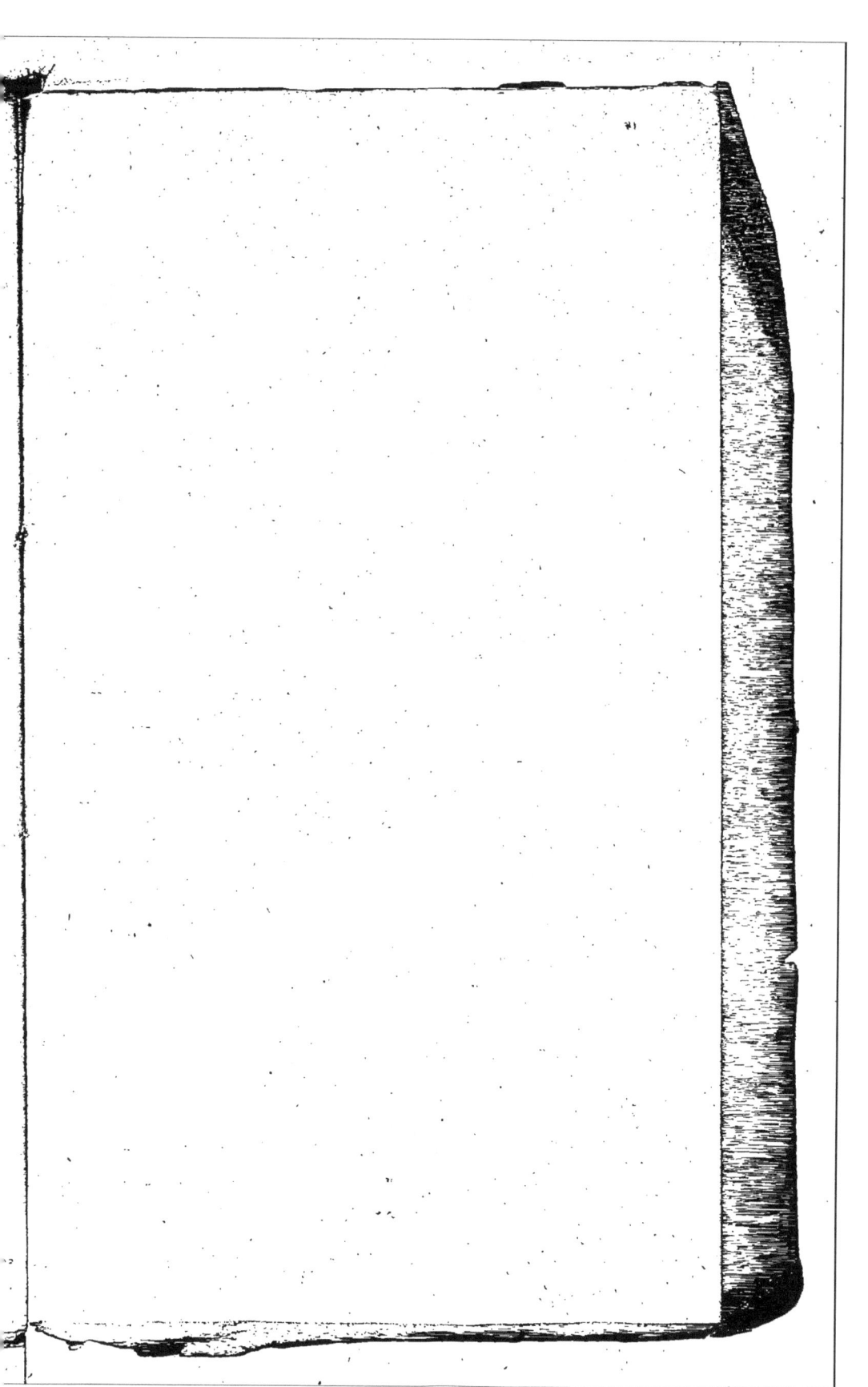

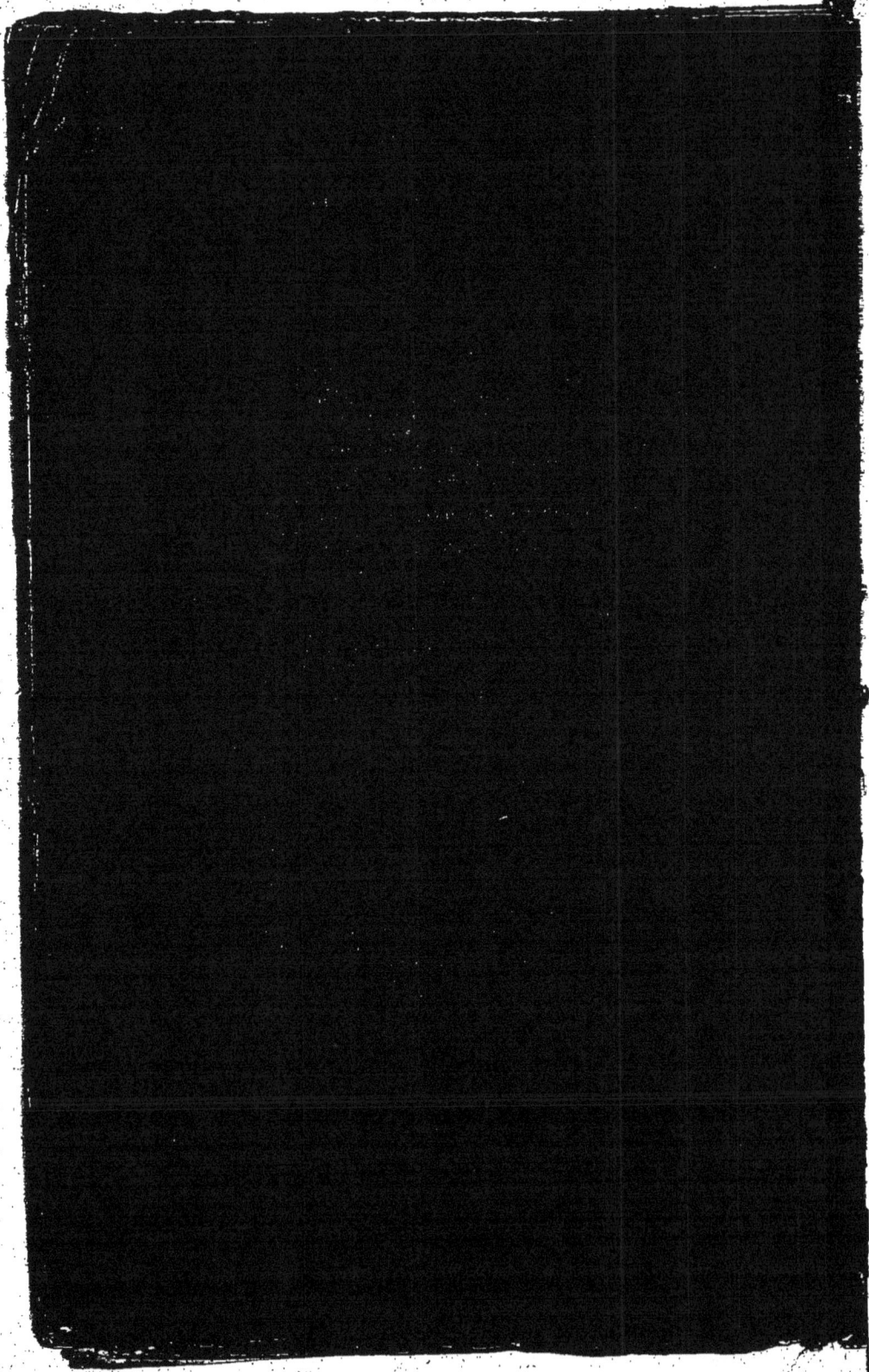

www.ingramcontent.com/pod-product-compliance
Lightning Source LLC
Chambersburg PA
CBHW070253200326
41518CB00010B/1775